El proceso de Leer-Dibujar-Escribir

El programa de *Eureka Math* apoya a los estudiantes en la resolución de problemas a través de un proceso simple y repetible que presenta la maestra. El proceso Leer-Dibujar-Escribir (LDE) requiere que los estudiantes

1. Lean el problema.

2. Dibujen y rotulen.

3. Escriban una ecuación.

4. Escriban un enunciado (afirmación).

Se procura que los educadores utilicen el andamiaje en el proceso, a través de la incorporación de preguntas tales como

- ¿Qué observas?

- ¿Puedes dibujar algo?

- ¿Qué conclusiones puedes sacar a partir del dibujo?

Cuánto más razonen los estudiantes a través de problemas con este enfoque sistemático y abierto, más interiorizarán el proceso de razonamiento y lo aplicarán instintivamente en el futuro.

Contenido

Módulo 1: Sumas y restas hasta el 100

Tema A: Fundamentos para la fluidez con sumas y restas hasta el 100

Lección 1   3

Lección 2   5

Tema B: Promover la fluidez con sumas y restas hasta el 100

Lección 3   7

Lección 4   13

Lección 5   19

Lección 6   25

Lección 7   31

Lección 8   37

Módulo 2: Suma y resta de unidades de longitud

Tema A: Comprender conceptos sobre la regla

Lección 1   45

Lección 2   51

Lección 3   57

Tema B: Medir y calcular longitudes usando diferentes herramientas de medición

Lección 4   63

Lección 5   69

Tema C: Medir y comparar longitudes con diferentes unidades de longitud

Lección 6   75

Lección 7   85

Tema D: Relacionar la suma y la resta con la longitud

Lección 8   91

Lección 9   97

Lección 10 105

Módulo 3: Valor posicional, conteo y comparación de números hasta el 1,000

Tema A: Formar unidades en base diez de una decena, una centena y un millar

Lección 1 111

Tema B: Entender el valor posicional de las unidades, decenas y centenas

Lección 2 115

Lección 3 121

Tema C: Números de tres dígitos en forma de unidad, estándar, expandida y escrita

Lección 4 127

Lección 5 139

Lección 6 147

Lección 7 153

Tema D: Representar números en base diez hasta el 1,000 con dinero

Lección 8 161

Lección 9 171

Lección 10 177

Tema E: Representar números hasta el 1,000 con discos de valor posicional

Lección 11 183

Lección 12 189

Lección 13 195

Lección 14 203

Lección 15 211

Tema F: Comparar dos números de tres dígitos

Lección 16 215

Lección 17 221

Lección 18 229

Tema G: Encontrar 1, 10 y 100 más o menos que un número

Lección 19 235

Lección 20 241

Lección 21 247

2.º grado
Módulo 1

Nombre _____   Fecha _____

1. Suma o resta. Completa el vínculo numérico para que coincida.

a. 9 + 1 = _10_

    1 + 9 = _10_

    10 – 1 = _9_

    10 – 9 = _1_

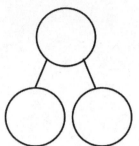

b. 4 + 6 = _10_

    6 + 4 = _10_

    10 – 6 = _4_

    10 – 4 = _4_

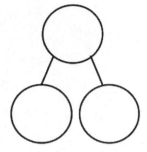

2. Resuelve.

a. 10 + 5 = _15_   b. 13 = 10 + _23_   c. 10 + 8 = _18_

Nombre _____   Fecha _____

Resuelve.

1.

    a. $10 + 3 =$ _13_

    b. $30 + 4 =$ _34_

    c. $60 + 5 =$ _65_

    d. $90 + 1 =$ _91_

2.

    a. _17_ $= 10 + 7$

    b. _29_ $= 20 + 9$

    c. _76_ $= 70 + 6$

    d. _98_ $= 90 + 8$

L (Lee el problema con atención).

La maestra tiene 48 carpetas. Entrega 6 carpetas a la primera mesa.

¿Cuántas carpetas le quedan?

D (Dibuja una imagen).

E (Escribe y resuelve la ecuación).

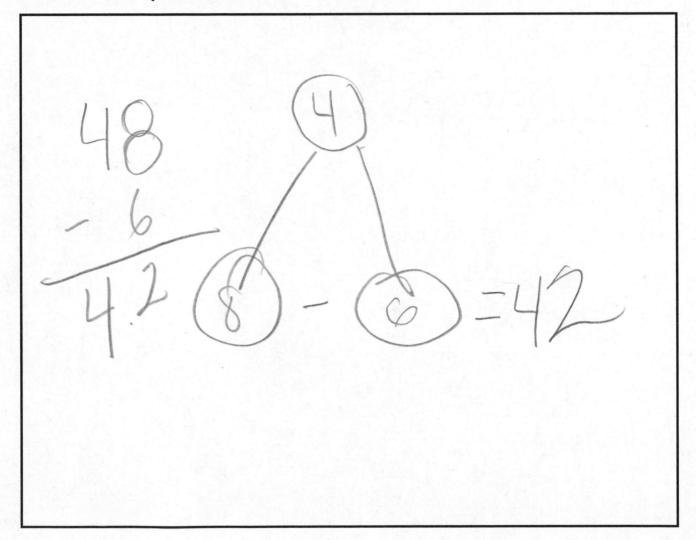

EUREKA MATH

E (Escribe un enunciado que coincida con la historia).

EUREKA MATH®

Nombre _____   Fecha _____

1. Resuelve.

    a.   30 + 6 = _36_   b.   50 – 30 = _____

         30 + 60 = _80_   51 – 30 = _____

         35 + 40 = _100_   57 – 4 = _____

         35 + 4 = _____   57 – 40 = _____

2. Resuelve.

a. 24 + 5 = _29_	b. 24 + 50 = _____
c. 78 – 3 = _75_	d. 78 – 30 = _48_

3. Resuelve.

a. $38 + 10 =$ 48 $18 + 30 =$ 48	b. $35 - 10 =$ 40 $35 - 20 =$ 50
c. $56 + 40 =$ 66 $46 + 50 =$ 96	d. $75 - 40 =$ 35 $75 - 30 =$ 45

4. Compara 57 – 2 a 57 – 20. ¿En qué son diferentes? Usa palabras, dibujos o números para explicar.

¡Extensión!

5. Andy tenía $28. Gastó $5 en un libro.

   Lisa tenía $20 y recibió $3 más.

   Lisa dice que tiene más dinero.

   Demuestra que lo que dice es verdadero o falso usando dibujos, números o palabras.

EUREKA MATH

Nombre _____   Fecha _____

Resuelve.

1. 23 + 5 = __28__	2. 68 – 5 = __63__
3. 43 + 30 = __73__	4. 76 – 60 = _____

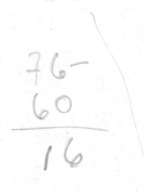

$$\begin{array}{r} 76 \\ -\ 60 \\ \hline 16 \end{array}$$

L (Lee el problema con atención).

Mark tiene un palito con 9 cubos entrelazables verdes. Su amigo le dio 4 cubos entrelazables amarillos. ¿Cuántos cubos entrelazables tiene ahora Mark?

D (Dibuja una imagen).
E (Escribe y resuelve la ecuación).

E (Escribe un enunciado que coincida con la historia).

Mark tenia 9 cubos en
trelazabies verdes su amigo
el dio 4 cudos
entrelazabies
amarillos
cuntos cubos
entrelazabies
tiene
ahora mark

Nombre _____ Fecha _____

Resuelve.

1. 9 + 3 = 123	2. 9 + 5 = 14
3. 8 + 4 = 12	4. 8 + 7 = 15
5. 7 + 5 = 11	6. 7 + 6 = 13
7. 8 + 8 = 16	8. 9 + 8 = 17

Resuelve.

9.	10.
10 + __2__ = 12 9 + __3__ = 12	10 + __3__ = 13 9 + __4__ = 13
11.	12.
10 + __4__ = 14 8 + __6__ = 14	10 + __16__ = 16 7 + __9__ = 16

13. Lisa tiene 2 cuentas azules y 9 cuentas moradas. ¿Cuántas cuentas tiene Lisa en total?

$2 + 9 = 11$

Lisa tiene __11__ cuentas en total.

14. Ben tiene 8 lápices y compró 5 más. ¿Cuántos lápices tiene Ben en total?

EUREKA MATH

Nombre __Juan Pablo__   Fecha _____

Resuelve.

1. $9 + 6 =$ __15__ 9 ||||||	2. $8 + 5 =$ __13__ || 8 ||||

L (Lee el problema con atención).

Mia contó todos los peces que había en un tanque. Contó 38 peces de colores y 4 peces negros. ¿Cuántos peces había en el tanque?

D (Dibuja una imagen).

E (Escribe y resuelve la ecuación).

E (Escribe un enunciado que coincida con la historia).

Habia 3e Peces
de colores mas
4 Peces negras
Hicimasun lo
Conel 8 + 2

Nombre _____   Fecha _____

1. Resuelve.

a. 9 + 3 = 13 ⋀ 1 2 ||| ||||||||	b. 19 + 3 = _____
c. 18 + 4 = 22 ||| |||||| |||||||	d. 38 + 7 = _____
e. 37 + 5 = 42	f. 57 + 6 = _____
g. 6 + 68 = _____	h. 8 + 78 = _____

2. María resolvió 67 + 5 como se muestra. Muestra a María una manera más rápida de resolver 67 + 5.

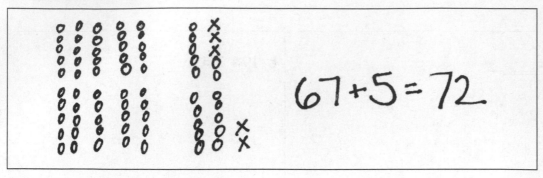

3. Usa el proceso LDE para resolver los problemas.

Jessa recogió 78 conchas en la playa.
Susana recogió 6 conchas más que Jessa.
¿Cuántas conchas recogió Susana?

EUREKA
MATH®

Nombre _____   Fecha _____

Resuelve.

a. 39 + 4 = _____	b. 58 + 7 = _____

L (Lee el problema con atención).

Mary compra 30 calcomanías. Pone 7 en la mochila de su amiga. ¿Cuántas calcomanías le quedan a Mary?

D (Dibuja una imagen).

E (Escribe y resuelve una ecuación).

E (Escribe un enunciado que coincida con la historia).

_____

_____

_____

EUREKA MATH

Nombre _____ Fecha _____

1. Resuelve.

a. 20 − 9 = __11__
   / \\
10 10
      10 − 9 = 1
      10 + 1 = 11
	b. 30 − 9 = _____

c. 20 − 8 = __10__	d. 30 − 7 = _____
e. 40 − 7 = __33__ 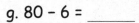	f. 50 − 6 = __44__ 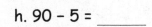
g. 80 − 6 = _____	h. 90 − 5 = _____

i. 70 – 4 = _____	j. 60 – 2 = _____

2. Llena el vínculo numérico y resuelve.

90 – 9 = ___

____   ____

3. Muestra cómo 10 - 6 te ayuda a resolver 50 – 6.

4. Carla tiene 70 clips.
    Da 6 clips.
    ¿Cuántos clips le quedan a Carla?

Le quedan _____ clips.

EUREKA MATH®

Nombre _____ Fecha _____

Resuelve.

1. 70 – 4 = _____	2. 60 – 3 = _____

L (Lee el problema con atención).

Ricardo le da 5 tacos a su hermana. Al principio tenía 13. ¿Cuántos tacos le quedan a Ricardo?

D (Dibuja una imagen).

E (Escribe y resuelve una ecuación).

E (Escribe un enunciado que coincida con la historia).

_____

_____

_____

EUREKA
MATH

Nombre _____ Fecha _____

1. Resuelve.

a. 11 – 9 = ____ /\ 1 10	b. 12 – 9 = ____	c. 13 – 9 = ____
d. 11 – 8 = ____	e. 12 – 8 = ____	f. 13 – 8 = ____
g. 11 – 7 = 4	h. 12 – 7 = 5	i. 13 – 7 = ____

2. Resuelve.

a.	b.	c.
14 – 6 = 8	11 – 5 = __	16 – 7 = __

Resuelve.

3. Shane tiene 12 lápices. Les da algunos lápices a sus amigos. Ahora, le quedan 7. ¿Cuántos lápices regaló?

_____

4. Victoria le dio a su mamá 6 tallos de apio. Antes tenía 13. ¿Cuántos tallos de apio le quedan?

_____

EUREKA MATH

Nombre _____ Fecha _____

Resuelve.

1.	2.
15 – 7 = 7	14 – 6 = 8

L (Lee el problema con atención).

Emma tiene 45 lápices. A ocho lápices les sacó punta. ¿A cuántos lápices no les sacó punta?

D (Dibuja una imagen).
E (Escribe y resuelve una ecuación).

E (Escribe un enunciado que coincida con la historia).

_____

_____

_____

EUREKA
MATH

Nombre __Junpablo__   Fecha _____

1. Resuelve.

a. 12 – 9 = ____ /\ 2 10	b. 22 – 9 = 13 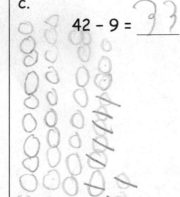	c. 42 – 9 = 33
d. 13 – 8 = 5 13 - 8 ――― 5	e. 23 – 8 = 15 	f. 53 – 8 = 45 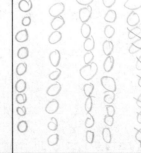
g. 14 – 6 = 8	h. 24 – 6 = 18 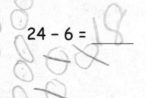	i. 84 – 6 = 78 7 4 - 6 ――― 7.8 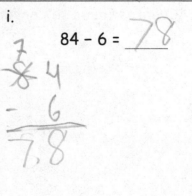

2. Resuelve.

a. $24 - 9 = \underline{13}$	b. $36 - 7 = \underline{}$	c. $53 - 6 = \underline{}$
d. $42 - 8 = \underline{34}$	e. $61 - 5 = \underline{}$	f. $85 - 8 = \underline{}$

3. La Sra. Watts tenía 17 tacos. Los niños se comieron algunos. Quedaron nueve tacos. ¿Cuántos tacos se comieron los niños?

_____

EUREKA MATH

Nombre _____   Fecha _____

Resuelve.

1.	2.	3.
21 – 9 = 12 10 + 2 12	34 – 8 = 20	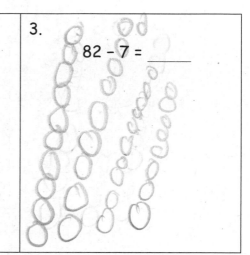 82 – 7 = ____

2.° grado
Módulo 2

L (Lee el problema con atención).

Vicente cuenta 30 monedas de 10 centavos y 87 de un centavo en un tazón.

¿Cuántas monedas de un centavo más que de 10 centavos hay en el tazón?

D (Dibuja una imagen).

E (Escribe y resuelve una ecuación).

Lección 1:   Relacionar mediciones con unidades físicas usando múltiples copias de la misma unidad física como instrumento de medición.

© 2019 Great Minds®. eureka-math.org

45

E (Escribe un enunciado que coincida con la historia).

_____

_____

_____

EUREKA
MATH®

Nombre _____   Fecha _____

Encuentra la longitud de cada objeto usando un cubo de un centímetro.

1. La imagen del tenedor y cuchara tiene aproximadamente _____ cubos de un centímetro de largo.

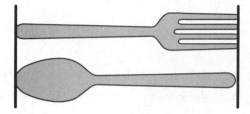

2. La imagen del martillo es de aproximadamente _____ centímetros de largo.

3. La longitud de la imagen del peine es de aproximadamente _____ centímetros.

Lección 1:   Relacionar mediciones con unidades físicas usando múltiples copias de
             la misma unidad física como instrumento de medición.

© 2019 Great Minds®. eureka-math.org

47

4. La longitud de la imagen de la pala es de aproximadamente _____ centímetros.

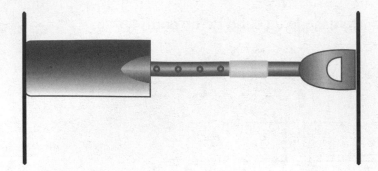

5. La cabeza de un saltamontes mide 2 centímetros de largo. El resto del cuerpo del saltamontes mide 7 centímetros de largo. ¿Cuál es la longitud total del saltamontes?

6. La longitud de un desarmador es de 19 centímetros. El mango mide 5 centímetros de largo.

a. ¿Cuál es la longitud de la punta del desarmador?

b. ¿Qué tanto es más corto el mango que la punta del desarmador?

Lección 1: Relacionar mediciones con unidades físicas usando múltiples copias de la misma unidad física como instrumento de medición.

© 2019 Great Minds®. eureka-math.org

EUREKA MATH®

Nombre _____ Fecha _____

Sara alineó sus cubos de un centímetro para encontrar la longitud de la imagen de la brocha.

Sara cree que la imagen de la brocha mide 5 centímetros de largo.

¿Es su respuesta correcta? Explica por qué sí o por qué no.

_____

_____

_____

_____

Lección 1:   Relacionar mediciones con unidades físicas usando múltiples copias de la misma unidad física como instrumento de medición.   49

© 2019 Great Minds®. eureka-math.org

L (Lee el problema con atención).

Con un empujón, el auto de juguete de Brian recorrió 40 centímetros sobre la alfombra. Cuando lo empujó sobre piso de madera, recorrió 95 centímetros. ¿Cuántos centímetros mas recorrió el auto sobre el piso de madera en comparación con la alfombra?

D (Dibuja una imagen).
E (Escribe y resuelve una ecuación).

Lección 2: Usar la repetición con una unidad física como instrumento de medición.

© 2019 Great Minds®. eureka-math.org

51

E (Escribe un enunciado que coincida con la historia).

_____

_____

_____

Nombre _____   Fecha _____

Encuentra la longitud de cada objeto usando un cubo de un centímetro. Marca el punto final de cada cubo de un centímetro mientras miden.

1. La imagen del borrador tiene aproximadamente _____ centímetros de largo.

2. La imagen de la calculadora tiene aproximadamente _____ centímetros de largo.

3. La longitud de la imagen del sobre es de aproximadamente _____ centímetros.

EUREKA MATH

Lección 2:   Usar la repetición con una unidad física como instrumento de medición.

© 2019 Great Minds®. eureka-math.org

53

4. Jayla midió las piernas de su marioneta y tienen 23 centímetros de largo. El estómago mide 7 centímetros de largo y el cuello y la cabeza juntos miden 10 centímetros de largo. ¿Cuál es la longitud total de la marioneta?

5. Elijah comienza a medir su libro de matemáticas con su cubo de un centímetro. Marca donde termina cada cubo. Después de unas pocas veces, decide que este proceso está tardando demasiado y empieza a adivinar donde terminaría el cubo y luego lo marca.

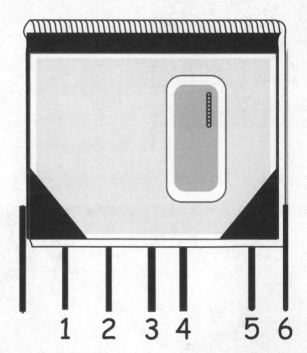

1 2 3 4   5 6

Explica por qué la respuesta de Elijah no será correcta.

_____

_____

Usar la repetición con una unidad física como instrumento de medición.

EUREKA MATH

Nombre _____   Fecha _____

Matt midió su ficha usando un cubo de un centímetro. Marcó el extremo del cubo mientras medía. Él cree que la ficha mide 10 centímetros de largo.

1   2   3   4   5   6   7   8   9   10

a. ¿Es correcto el trabajo de Matt? Explica por qué sí o por qué no.

_____

_____

_____

b. Si fueras el maestro de Matt, ¿qué le dirías?

_____

_____

_____

Lección 2:   Usar la repetición con una unidad física como instrumento de medición.

© 2019 Great Minds®. eureka-math.org

55

L (Lee el problema con atención).

Jamie tiene 65 tarjetas. Harry tiene 8 tarjetas más que Jamie. ¿Cuántas tarjetas tiene Harry?

D (Dibuja una imagen).

E (Escribe y resuelve una ecuación).

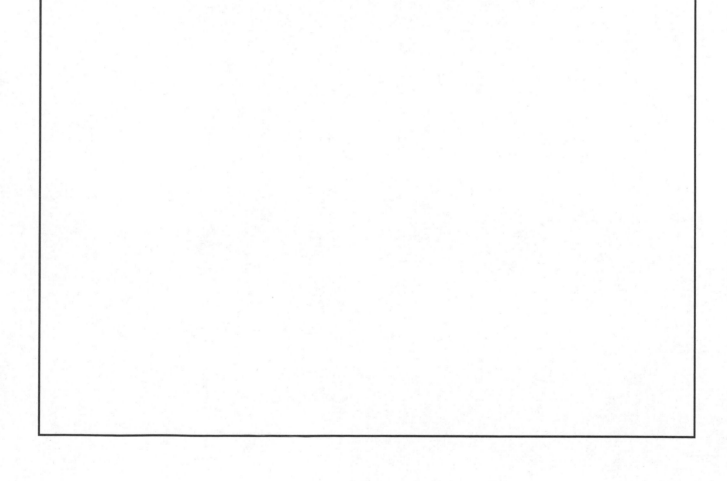

 EUREKA MATH

Lección 3:   Aplicar conceptos para crear reglas de unidades y medir longitudes usando reglas de unidades.

57

E (Escribe un enunciado que coincida con la historia).

_____

_____

_____

58   **Lección 3:**   Aplicar conceptos para crear reglas de unidades y medir longitudes usando reglas de unidades.

© 2019 Great Minds®. eureka-math.org

EUREKA MATH

Nombre _____   Fecha _____

Usa tu regla de centímetros para medir la longitud de los siguientes objetos.

1. La imagen de la huella del animal tiene aproximadamente _____cm de largo.

2. La imagen de la tortuga tiene aproximadamente _____cm de largo.

3. La imagen del sandwich tiene aproximadamente _____cm de largo.

EUREKA MATH

Lección 3:   Aplicar conceptos para crear reglas de unidades y medir longitudes
             usando reglas de unidades.

© 2019 Great Minds®. eureka-math.org

59

4. Mide y etiqueta la longitud de cada lado del triángulo usando tu regla.

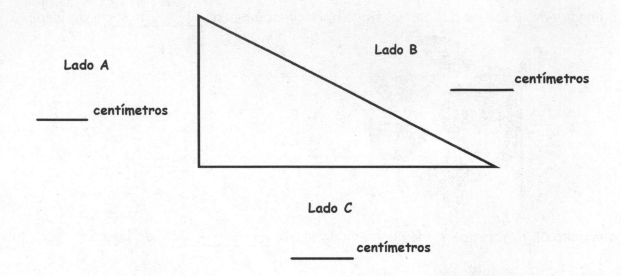

Lado A

_____ centímetros

Lado B

_____ centímetros

Lado C

_____ centímetros

a. ¿Cuál es el lado más corto?   Lado A   Lado B   Lado C

b. ¿Cuál es la longitud de los lados A y B juntos? _____ centímetros

c. ¿Qué tanto menos mide el lado C que el lado B? _____ centímetros

Lección 3:   Aplicar conceptos para crear reglas de unidades y medir longitudes
usando reglas de unidades.

© 2019 Great Minds®. eureka-math.org

EUREKA
MATH®

Nombre _____ Fecha _____

1. Usa tu regla de centímetros. ¿Cuál es la longitud en centímetros de cada línea?

    a. La línea A mide _____ cm de largo.

        Línea A   _____

    b. La Línea B mide _____ cm de largo.

        Línea B   _____

    c. La línea C mide _____ cm de largo.

        Línea C   _____ .

2. Encuentra la longitud del centro del círculo.

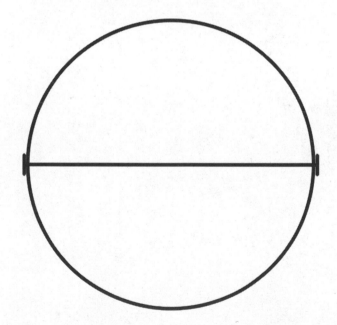

    La longitud del centro del círculo es de _____ cm.

EUREKA MATH®

Lección 3:   Aplicar conceptos para crear reglas de unidades y medir longitudes
              usando reglas de unidades.

© 2019 Great Minds®. eureka-math.org

61

L (Lee el problema con atención).

Caleb tiene 37 centavos más que Richard. Richard tiene 40 centavos. Joe tiene 25 centavos. ¿Cuántos centavos tiene Caleb?

D (Dibuja una imagen).

E (Escribe y resuelve una ecuación).

Lección 4: Medir varios objetos usando reglas de centímetros y metros de madera.

63

© 2019 Great Minds®. eureka-math.org

E (Escribe un enunciado que coincida con la historia).

_____

_____

_____

EUREKA
MATH

Nombre _____   Fecha _____

1. Mide cinco cosas en el salón de clase con una regla de centímetros. Haz la lista de cinco cosas y su longitud en centímetros.

Nombre del objeto	Longitud en centímetros
a.	
b.	
c.	
d.	
e.	

2. Mide cuatro cosas en el salón de clase con un metro o cinta métrica. Haz la lista de cuatro cosas y su longitud en metros.

Nombre del objeto	Longitud en metros
a.	
b.	
c.	
d.	

EUREKA MATH

Lección 4: Medir varios objetos usando reglas de centímetros y metros de madera.

65

© 2019 Great Minds®. eureka-math.org

3. Haz una lista de cinco cosas en tu casa que medirías con un metro de madera o cinta métrica.

a. _____

b. _____

c. _____

d. _____

e. _____

¿Por qué querrías medir esos cinco objetos con un metro de madera o cinta métrica en lugar de una regla de centímetros?

_____

_____

_____

4. La distancia desde la cafetería al gimnasio es de 14 metros. La distancia desde la cafetería al patio de recreo es el doble de esa distancia. ¿Cuántas veces necesitarías usar un metro de madera para medir la distancia desde la cafetería hasta el patio de recreo?

EUREKA MATH

Nombre _____   Fecha _____

1. Encierra en un círculo cm (centímetro) o m (metro) para mostrar qué unidad de medición usarías para medir la longitud de cada objeto.

    a. Longitud de un tren   cm o m

    b. Longitud de un sobre   cm o m

    c. Longitud de una casa   cm o m

2. ¿Se requeriría de más metros o de más centímetros para medir la longitud de un patio de recreo? Explica tu respuesta.

    _____

    _____

    _____

L (Lee el problema con atención).

Ethan tiene 8 tarjetas de juego menos que Tristán. Tristán tiene 50 tarjetas de juego. ¿Cuántas tarjetas de juego tiene Ethan?

D (Dibuja una imagen).

E (Escribe y resuelve una ecuación).

Lección 5:   Desarrollar estrategias de cálculo mediante la aplicación de conocimientos previos de longitud y el uso de referencias mentales.

© 2019 Great Minds®. eureka-math.org

69

E (Escribe un enunciado que coincida con la historia).

_____

_____

_____

Desarrollar estrategias de cálculo mediante la aplicación de
conocimientos previos de longitud y el uso de referencias mentales.

EUREKA
MATH

Nombre _____   Fecha _____

Primero, calcula la longitud de cada línea en centímetros usando referencias mentales. Después, mide cada línea con una regla de centímetros para encontrar la longitud real.

1. _____

    a. Cálculo: _____ cm   b. Longitud real: _____ cm

2. _____

    a. Cálculo: _____ cm   b. Longitud real: _____ cm

3. _____

    a. Cálculo: _____ cm   b. Longitud real: _____ cm

4. _____

    a. Cálculo: _____ cm   b. Longitud real: _____ cm

5. _____

    a. Cálculo: _____ cm   b. Longitud real: _____ cm

Lección 5:   Desarrollar estrategias de cálculo mediante la aplicación de conocimientos previos de longitud y el uso de referencias mentales.

71

© 2019 Great Minds®. eureka-math.org

6. Encierra en un círculo la unidad de medida correcta para cada cálculo aproximado de longitud.

a. La altura de una puerta es de aproximadamente 2 (centímetros/metros).

¿Qué referencia usaste para calcular? _____

b. La longitud de una pluma es de aproximadamente 10 (centímetros/metros).

¿Qué referencia usaste para calcular? _____

c. La longitud de un carro es de aproximadamente 4 (centímetros/metros).

¿Qué referencia usaste para calcular? _____

d. La longitud de una cama es de aproximadamente 2 (centímetros/metros).

¿Qué referencia usaste para calcular? _____

e. La longitud de un plato de comida es de aproximadamente 20 (centímetros/metros).

¿Qué referencia usaste para calcular? _____

7. Usa un lápiz sin punta para calcular la longitud de 3 cosas en tu escritorio.

a. _____ mide aproximadamente _____ cm de largo.

b. _____ mide aproximadamente _____ cm de largo.

c. _____ mide aproximadamente _____ cm de largo.

Lección 5:   Desarrollar estrategias de cálculo mediante la aplicación de conocimientos previos de longitud y el uso de referencias mentales.

© 2019 Great Minds®. eureka-math.org

EUREKA MATH

Nombre _____   Fecha _____

1. Encierra en un círculo el cálculo aproximado más razonable para cada objeto.

   a. La longitud de una tachuela   1 cm o 1 m

   b. La longitud de una puerta de salón de clases   100 cm o 2 m

   c. La longitud de unas tijeras escolares   17 cm o 42 cm

2. Calcula la longitud de tu escritorio. (Recuerda, el ancho de tu meñique es de aproximadamente 1 cm).

   Mi escritorio mide aproximadamente _____ cm de largo.

3. ¿Cómo te ayuda saber que un lápiz sin punta mide aproximadamente 20 cm de largo para calcular la longitud de tu brazo desde el codo hasta la muñeca?

   _____

   _____

   _____

   _____

Lección 5:   Desarrollar estrategias de cálculo mediante la aplicación de
             conocimientos previos de longitud y el uso de referencias mentales.

© 2019 Great Minds®. eureka-math.org

73

L (Lee el problema con atención).

Eva es 7 centímetros más pequeña que Joey. Joey mide 91 centímetros de estatura. ¿Cuál es la estatura de Eva?

D (Dibuja una imagen).

E (Escribe y resuelve una ecuación).

E (Escribe un enunciado que coincida con la historia).

_____

_____

_____

Nombre _____   Fecha _____

Mide cada conjunto de líneas en centímetros y escribe la longitud en la línea. Completa la frase de comparación.

1. Línea A _____

    Línea B _____

    a. Línea A   Línea B

        _____ cm   _____ cm

    b. La Línea A es aproximadamente _____ cm más larga que la Línea B.

2. Línea C   _____

    Línea D   _____

    a. Línea C   Línea D

        _____ cm   _____ cm

    b. La Línea C es aproximadamente _____cm más corta que la Línea D.

3. Línea E _____

Línea F   _____

Línea G   _____

   a. Línea E   Línea F   Línea G

       _____ cm   _____ cm   _____ cm

   b. Las Líneas E, F y G combinadas miden aproximadamente _____ cm.

   c. La Línea E es aproximadamente _____ cm más corta que la Línea F.

   d. La Línea G es aproximadamente _____ cm más larga que la Línea F.

   e. El doble de la línea F es aproximadamente _____ cm más larga que la línea F.

4. Daniel midió las alturas de algunos arbolitos en el huerto. Quiere saber cuántos centímetros más necesita para medir 1 metro. Llena los espacios en blanco.

   a. 90 cm + _____ cm = 1 m

   b. 80 cm + _____ cm = 1 m

   c. 85 cm + _____ cm = 1 m

   d. 81 cm + _____ cm = 1 m

EUREKA MATH

5. El listón de Carol mide 76 centímetros de largo. El listón de Alicia es de 1 metro de largo. ¿Cuánto más largo es el listón de Alicia que el de Carol?

6. El grillo saltó una distancia de 52 centímetros. El saltamontes saltó 9 centímetros más lejos que el grillo. ¿Qué tan lejos llego el saltamontes?

7. La caja de lápices es de 24 centímetros de largo y 12 centímetros de ancho. ¿Cuántos centímetros más tiene la longitud que el ancho? _____ cm más

   Dibuja los rectángulos y marca los lados.

   ¿Cuál es la longitud total de los cuatro lados? _____ cm

Lección 6:   Medir y comparar longitudes con centímetros y metros.

79

© 2019 Great Minds®. eureka-math.org

Nombre _____   Fecha _____

Mide la longitud de cada línea y compáralas.

Línea M _____

Línea N   _____

Línea O   _____

1. La Línea M es aproximadamente _____ cm más larga que la Línea O.

2. La Línea N es aproximadamente _____ cm más corta que la Línea M.

3. El doble de la Línea N sería aproximadamente _____ cm más (larga/corta) que la Línea M.

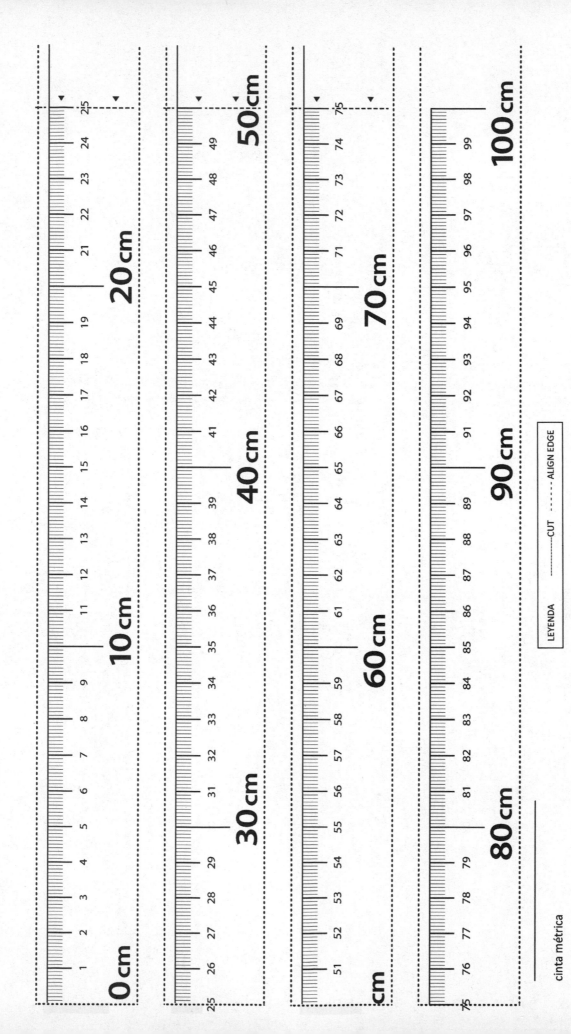

0 cm
10 cm
20 cm
25 cm

30 cm
40 cm
50 cm

cm
60 cm
70 cm
75 cm

80 cm
90 cm
100 cm

cinta métrica

LEYENDA —————— CUT ------- ALIGN EDGE

Lección 6: Medir y comparar longitudes con centímetros y metros.

EUREKA MATH

L (Lee el problema con atención).

Luigi tiene 9 libros más que Mario. Luigi tiene 52 libros. ¿Cuántos libros tiene Mario?

D (Dibuja una imagen).
E (Escribe y resuelve una ecuación).

Lección 7:   Medir y comparar longitudes con unidades métricas de longitud estándar
               y no estándar; relacionar las medidas con el tamaño de la unidad.

© 2019 Great Minds®. eureka-math.org

85

E (Escribe un enunciado que coincida con la historia).

_____

_____

_____

Lección 7: Medir y comparar longitudes con unidades métricas de longitud estándar y no estándar; relacionar las medidas con el tamaño de la unidad.

EUREKA MATH®

Nombre _____   Fecha _____

Mide cada conjunto de líneas con un clip pequeño, utilizando la estrategia de marcar y seguir adelante. Mide cada conjunto de líneas en centímetros usando una regla.

1. Línea A _____

    Línea B   _____

    a. Línea A

        _____ clips   _____ cm

    b. Línea B

        _____ clips   _____ cm

    c. La línea B es aproximadamente _____clips más corta que la línea A.

    d. La línea A es aproximadamente _____cm más larga que la línea B.

2. _____ Línea L

                    _____ Línea M

    a. Línea L

        _____ clips   _____ cm

    b. Línea M

        _____ clips   _____ cm

    c. La línea L es aproximadamente _____ clips más larga que la línea M.

    d. La línea M duplicada es aproximadamente _____ cm más corta que la línea L.

3. Dibuja una línea de 6 cm de largo y otra línea debajo de esta de 15 cm de largo. Etiqueta la línea de 6 cm como C y la línea de 15 cm como D.

a. Línea C   Línea D

    _____ clips   _____ clips

b. La línea D es aproximadamente _____ cm más larga que la línea C.

c. La línea C es aproximadamente _____ clips más corta que la línea D.

d. Las líneas C y D juntas miden aproximadamente _____ clips de largo.

e. Las líneas C y D juntas miden aproximadamente _____ centímetros de largo.

4. Cristina midió la línea F con monedas de 25 centavos y la línea G con monedas de un centavo.

Línea F _____

Línea G _____

La línea F mide aproximadamente 6 monedas de 25 centavos de largo. Línea G mide aproximadamente 8 monedas de un centavo de largo. Cristina dijo que la línea G es más larga porque 8 es un número mayor que 6.

Explica por qué Cristina está equivocada.

_____

_____

Lección 7:   Medir y comparar longitudes con leunidades métricas de longitud estándar
                  y no estándar; relacionar las medidas con el tamaño de la unidad.

EUREKA
MATH®

Nombre _____   Fecha _____

Mide las líneas con clips pequeños y después con una regla de centímetros. Y luego responde las siguientes preguntas.

Línea 1 _____

Línea 2 _____

Línea 3 _____

a. Línea 1

_____ clips   _____ cm

b. Línea 2

_____ clips   _____ cm

c. Línea 3

_____ clips   _____ cm

Explica por qué cada medición requirió más centímetros que clips.

_____

_____

_____

Lección 7:   Medir y comparar longitudes con unidades métricas de longitud estándar
y no estándar; relacionar las medidas con el tamaño de la unidad.   89

© 2019 Great Minds®. eureka-math.org

L (Lee el problema con atención).

La rana Bill saltó 7 centímetros menos que la rana Robin. Bill saltó

55 centímetros. ¿Qué distancia saltó Robin?

D (Dibuja una imagen).

E (Escribe y resuelve una ecuación).

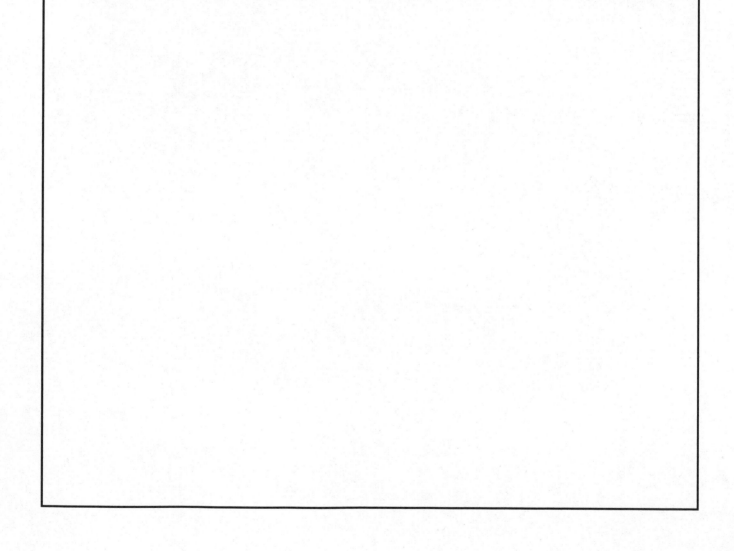

Lección 8:   Resolver problemas escritos de suma y resta usando la regla como una recta numérica.

© 2019 Great Minds®. eureka-math.org

91

E (Escribe un enunciado que coincida con la historia).

_____

_____

EUREKA
MATH

Nombre _____   Fecha _____

1.

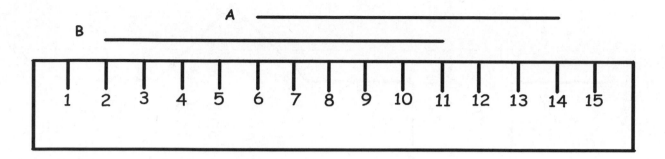

a. La Línea A tiene una longitud de _____ cm.

b. La Línea B tiene una longitud de _____ cm.

c. Juntas, las Líneas A y B miden _____ cm.

d. La Línea A mide _____ cm (más/menos) que la Línea B.

2. Un grillo saltó 5 centímetros hacia adelante y 9 centímetros hacia atrás y luego
    se detuvo. Si el grillo empezó en el 23 en la regla, ¿en dónde se detuvo el grillo?
    Muestra tu trabajo en la regla de centímetros rota.

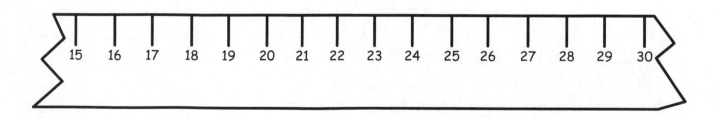

EUREKA MATH®   Lección 8:   Resolver problemas escritos de suma y resta usando la regla como una   93
                                         recta numérica.

© 2019 Great Minds®. eureka-math.org

3. Cada una de las partes del siguiente camino tiene 4 unidades de longitud. ¿Cuál es la longitud total del camino?

_____ unidades de longitud

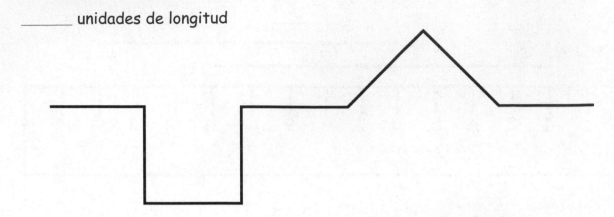

4. Ben tomó dos caminos diferentes desde la casa a la escuela para ver cuál era el más rápido. Todas las calles en la Ruta A tienen la misma longitud. Todas las calles en la Ruta B tienen la misma longitud.

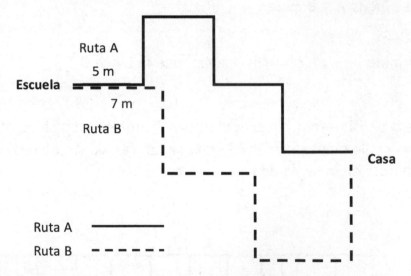

a. ¿Cuántos metros tiene la Ruta A? _____ m

b. ¿Cuántos metros tiene la Ruta B? _____ m

c. ¿Cuál es la diferencia entre la Ruta A y la Ruta B? _____ m

Lección 8: Resolver problemas escritos de suma y resta usando la regla como una recta numérica.

EUREKA
MATH®

Nombre _____   Fecha _____

1. Usa la siguiente regla para dibujar una línea que comienza en 2 cm y termina en 12 cm. Etiqueta esa línea como R. Dibuja otra línea que comienza en 5 cm y termina en 11 cm. Etiqueta esa línea como S.

   a. Suma 3 cm a la Línea R y 4 cm a la Línea S.

   b. ¿Qué longitud tiene la Línea R ahora? _____ cm

   c. ¿Qué longitud tiene la Línea S ahora? _____ cm

   d. La nueva Línea S es _____ cm (más corta/más larga) que la nueva Línea R.

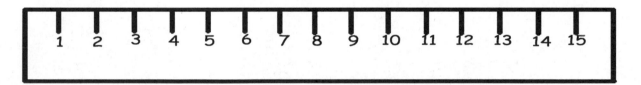

EUREKA
MATH®

Lección 8:   Resolver problemas escritos de suma y resta usando la regla como una
             recta numérica.

© 2019 Great Minds®. eureka-math.org

95

L (Lee el problema con atención).

El girasol de Ricardo es 9 centímetros más corto que el de Oscar. El girasol de Ricardo mide 75 centímetros. ¿Cuánto mide el girasol de Oscar?

D (Dibuja una imagen).

E (Escribe y resuelve una ecuación).

Lección 9:   Medir longitudes de hilos usando herramientas de medición y usar
               diagramas de cinta para representar y comparar longitudes.

© 2019 Great Minds®. eureka-math.org

97

E (Escribe un enunciado que coincida con la historia).

_____

_____

_____

98   Lección 9:   Medir longitudes de hilos usando herramientas de medición y usar
                          diagramas de cinta para representar y comparar longitudes.

© 2019 Great Minds®. eureka-math.org

EUREKA MATH

Nombre _____   Fecha _____

1. Llena la tabla, primero calculando la medida alrededor de una parte del cuerpo de un compañero y luego encontrando la medida real con una cinta métrica.

Nombre del estudiante	Parte del cuerpo medida	Medida calculada en centímetros	Medida real en centímetros
	Cuello		
	Muñeca		
	Cabeza		

a. ¿Cuál fue más largo, el cálculo o la medida real alrededor de la

cabeza de tu compañero? _____

b. Traza un diagrama de cinta para comparar las longitudes de dos partes del cuerpo diferentes.

Lección 9: Medir longitudes de hilos usando herramientas de medición y usar diagramas de cinta para representar y comparar longitudes.

© 2019 Great Minds®. eureka-math.org

99

2. Usa un hilo para medir los tres caminos.

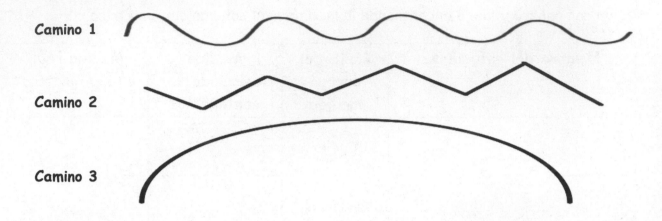

Camino 1

Camino 2

Camino 3

a. ¿Qué camino es el más largo? _____

b. ¿Cuál es el camino más corto? _____

c. Traza un diagrama de cinta para comparar dos de las longitudes.

EUREKA
MATH®

3. Calcula la longitud del camino en centímetros.

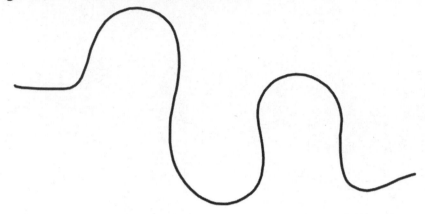

a. El camino tiene aproximadamente _____ cm de longitud.

Usa tu cinta métrica para medir la longitud del camino. Luego, mide el hilo con tu cinta métrica.

b. La longitud real del camino es de _____ cm.

c. Traza un diagrama de cinta para comparar tu cálculo y la longitud real del camino.

Lección 9: Medir longitudes de hilos usando herramientas de medición y usar
           diagramas de cinta para representar y comparar longitudes.

© 2019 Great Minds®. eureka-math.org

101

Nombre _____   Fecha _____

1. Usa tu hilo para medir los dos caminos. Escribe la longitud en centímetros.

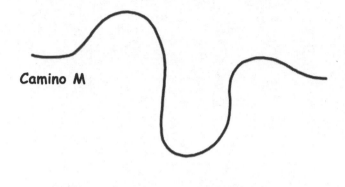

Camino M

Camino N

El camino M mide _____ cm.

El camino N mide _____ cm.

2. Mandy midió los caminos y dijo que ambos caminos tienen la misma longitud. ¿Mandy tiene razón? ¿Sí o no? _____

Explica por qué sí o por qué no.

_____

_____

3. Traza un diagrama de cinta para comparar las dos longitudes.

Lección 9:   Medir longitudes de hilos usando herramientas de medición y usar
diagramas de cinta para representar y comparar longitudes.

© 2019 Great Minds®. eureka-math.org

103

Nombre _____   Fecha _____

Usa el proceso LDE para resolver los problemas. Dibuja un diagrama de cinta para cada paso. Ya está iniciado el Problema 1.

1. El listón de Maura es de 26 cm de largo. El listón de Colleen es 14 cm más corto que el de Maura. ¿Cuál es la longitud total de los dos listones?

   Paso 1: Encuentra la longitud del listón de Colleen.

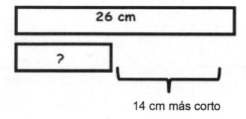

   Paso 2: Encuentra la longitud de ambos listones.

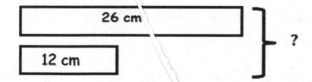

Lección 10:   Aplicar la comprensión conceptual de la medición para resolver problemas escritos de dos pasos.

© 2019 Great Minds®. eureka-math.org

105

2. La torre de bloques de Jessie es de 30 cm de alto. La torre de Sarah es 9 centímetros más corta que la torre de Jessie. ¿Cuál es la altura total de ambas torres?

Paso 1: Encuentra la altura de la torre de Sarah.

Paso 2: Encuentra la altura de ambas torres.

3. Pam y Mark tomaron la medida de sus muñecas. La muñeca de Pam midió 10 cm. La muñeca de Mark midió 3 cm más que la de Pam. ¿Cuál es la longitud total sus cuatro muñecas?

Paso 1: Encuentra la medida de las dos muñecas de Mark.

Paso 2: Encuentra la medida total de las cuatro muñecas.

EUREKA MATH

Nombre _____   Fecha _____

Steven tiene una tira de cuero negra que mide 13 centímetros. Le cortó 5 centímetros.
Su maestro le dio una tira de cuero café que mide 16 centímetros. ¿Cuál es la longitud
total de las dos tiras?

 Lección 10:   Aplicar la comprensión conceptual de la medición para resolver   107
problemas escritos de dos pasos.

© 2019 Great Minds®. eureka-math.org

2.º grado
Módulo 3

Nombre __Juanpablo Castro__   Fecha __03/11/20__

Dibuja modelos de unidades, decenas y centenas. Tu maestro te dirá qué números debes representar.

25

154

297

453

Nombre ___JuanPablo Castro___ Fecha _____

1. Dibuja líneas para unir y hacer que cada afirmación sea verdadera.

   10 decenas = | | | | | / / | | | 1 millar

   10 centenas =  1 decena

   10 unidades = ⃝⃝⃝⃝⃝⃝⃝⃝ ⃝⃝   1 centena

2. Encierra en un círculo la unidad más grande. Encierra en un cuadro la unidad más pequeña.

   4 decenas |||| 2 centenas ☐ ☐   9 unidades

3. Dibuja modelos de cada uno y nombra el siguiente número.

   2 decenas || 7 unidades ⃝⃝⃝⃝ ⃝⃝ 6 centenas
   ⃝⃝

EUREKA MATH

Lección 1:   Agrupar y contar unidades, decenas y centenas hasta el 1,000.

113

© 2019 Great Minds®. eureka-math.org

L (Lee el problema con atención).

Ben y su padre han vendido más de 60 galletas de chocolate en la venta de pasteles de la escuela. Si cocinaron 100 galletas, ¿cuántas galletas tienen que vender todavía?

D (Dibuja una imagen).

E (Escribe y resuelve una ecuación).

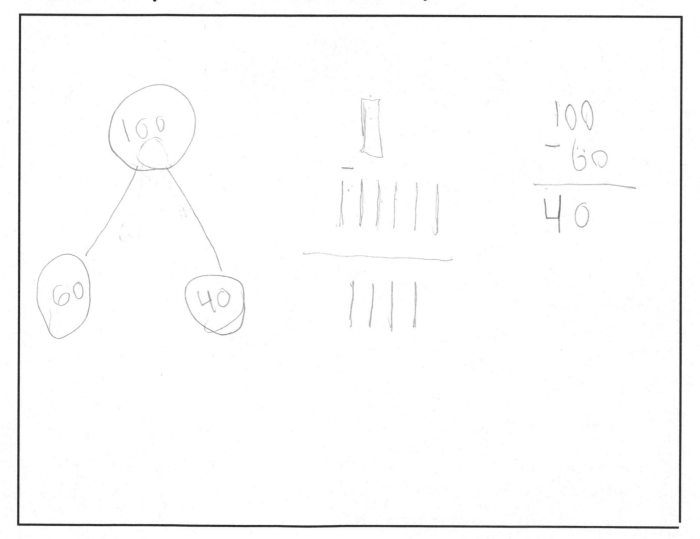

EUREKA MATH®

Lección 2:   Contar hacia arriba y hacia abajo entre 100 y 220 usando Unidades y decenas.

115

© 2019 Great Minds®. eureka-math.org

E (Escribe un enunciado que coincida con la historia).

_____

_____

_____

Contar hacia arriba y hacia abajo entre 100 y 220 usando unidades y decenas.

EUREKA MATH

Nombre _____   Fecha _____

1. Dibuja, nombra y encierra en un rectángulo el 100. Haz un dibujo de las unidades que usaste para contar del 100 al 124.

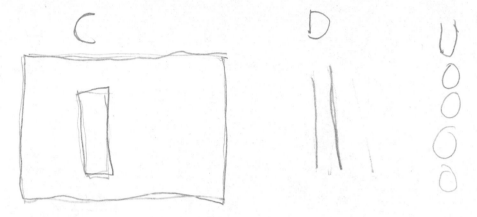

2. Dibuja, nombra y encierra en un rectángulo el 124. Haz un dibujo de las unidades que usaste para contar del 124 al 220.

EUREKA MATH®

Lección 2:   Contar hacia arriba y hacia abajo entre 100 y 220 usando unidades y decenas.

117

© 2019 Great Minds®. eureka-math.org

3. Dibuja, nombra y encierra en un rectángulo el 85. Haz un dibujo de las unidades que usaste para contar del 85 al 120.

4. Dibuja, nombra y encierra en un rectángulo el 120. Haz un dibujo de las unidades que usaste para contar del 120 al 193.

Lección 2:   Contar hacia arriba y hacia abajo entre 100 y 220 usando unidades y decenas.

EUREKA MATH

Nombre _____   Fecha _____

1. Estas son agrupaciones de centenas, decenas y unidades. ¿Cuántos popotes hay en cada grupo?

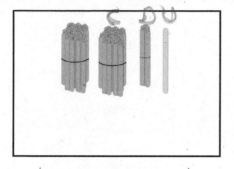

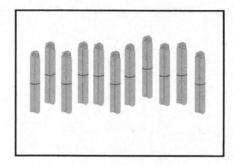

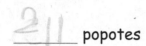 popotes

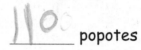 popotes

2. Cuenta del 96 al 140 con unidades y decenas. Usa dibujos para mostrar tu trabajo.

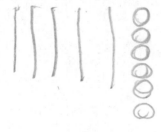

3. Llena los espacios en blanco para alcanzar los números de referencia.

35, 36, 37, 38, 39, 40, 50, 60, 70, 80, 90, 100, 200, 300

Lección 2:   Contar hacia arriba y hacia abajo entre 100 y 220 usando unidades y decenas.

119

© 2019 Great Minds®. eureka-math.org

L (Lee el problema con atención).

Kinnear decidió que iba a recorrer 100 millas en bicicleta este año.

Si hasta el momento ha recorrido 64 millas, ¿cuánto más tiene que viajar en bicicleta?

D (Dibuja una imagen).

E (Escribe y resuelve una ecuación).

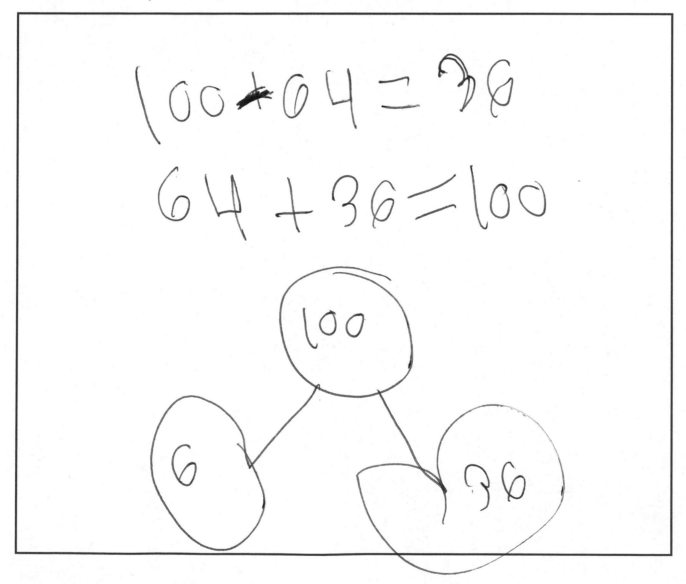

$$100 + 64 = 36$$
$$64 + 36 = 100$$

 EUREKA MATH

Lección 3:   Contar hacia arriba y hacia abajo entre 90 y 1,000 usando unidades, decenas y centenas.

© 2019 Great Minds®. eureka-math.org

121

E (Escribe un enunciado que coincida con la historia).

_____

_____

_____

Lección 3:   Contar hacia arriba y hacia abajo entre 90 y 1,000 usando unidades, decenas y centenas.

EUREKA
MATH

Nombre _____   Fecha _____

1. Dibuja, nombra y encierra en un rectángulo el 90. Dibuja imágenes de las unidades que usaste para contar del 90 al 300.

90 → 300

10

|||||||||

2. Dibuja, nombra y encierra en un rectángulo el 300. Dibuja imágenes de las unidades que usaste para contar del 300 al 428

3. Dibuja, nombra y encierra en un rectángulo el 428. Dibuja imágenes de las unidades que usaste para contar del 428 al 600.

4. Dibuja, nombra y encierra en un rectángulo el 600. Dibuja imágenes de las unidades que usaste para contar del 600 al 1,000.

Lección 3: Contar hacia arriba y hacia abajo entre 90 y 1,000 usando unidades, decenas y centenas.

© 2019 Great Minds®. eureka-math.org

EUREKA MATH

Nombre _____   Fecha _____

1. Dibuja una línea para relacionar los números con las unidades que podrías usar para contarlos.

Del 300 al 900   unidades, decenas y centenas

Del 97 al 300   unidades y decenas

Del 484 al 1,000   unidades y centenas

Del 743 al 800   centenas

2. Estas son agrupaciones de centenas, decenas y unidades. Dibuja para mostrar cómo contarías hasta 1,000.

EUREKA MATH®

L (Lee el problema con atención).

En su fiesta de cumpleaños, Joey recibió $100 de cada una de sus dos abuelas, $40 de su padre y $5 de su hermana pequeña. ¿Cuánto dinero recibió Joey en su cumpleaños?

D (Dibuja una imagen).

E (Escribe y resuelve una ecuación).

E (Escribe un enunciado que coincida con la historia).

_____

_____

_____

Nombre _____   Fecha _____

Trabaja con tu compañero. Imagina tu tabla de valor posicional. Escribe cómo contarías desde el primer número hasta el segundo número. Subraya los números que agrupaste para formar una unidad mayor.

1. Del 476 al 600

2. Del 47 al 200

3. Del 188 al 510

4. Del 389 al 801

Nombre _____   Fecha _____

1. Estas son agrupaciones de 10. Si las juntas, ¿qué unidad vas a formar?

     a. unidad   b. decena   c. centena   d. millar

2. Estas son agrupaciones de centenas, decenas y unidades. ¿Cuántos palitos hay en total?

                                                   _____

3. Imagina la tabla de valor posicional. Subraya los números que muestran la manera de contar del 187 al 222.

EUREKA MATH®

Lección 4:   Contar hasta 1,000 en la tabla de valor posicional.

© 2019 Great Minds®. eureka-math.org

131

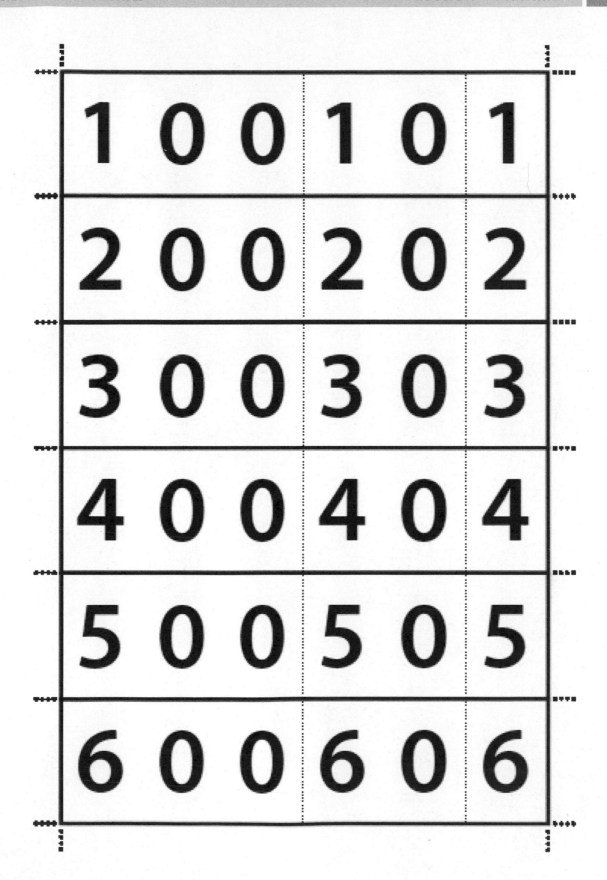

© 2019 Great Minds®. eureka-math.org

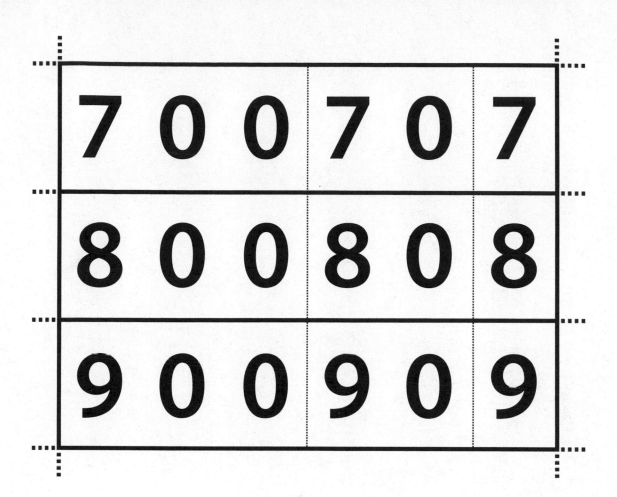

tarjetas Hide Zero

unidades	decenas	centenas

tabla de valor posicional de centenas

L (Lee el problema con atención).

Freddy tiene $250 en billetes de diez dólares.

a. ¿Cuántos billetes de diez dólares tiene Freddy?

b. Le dio 6 billetes de diez dólares a su hermano. ¿Cuántos billetes de diez dólares le quedan?

D (Dibuja una imagen).
E (Escribe y resuelve una ecuación).

E (Escribe un enunciado que coincida con la historia).

a. _____

_____

b. _____

_____

EUREKA MATH

Nombre _____   Fecha _____

Tu maestro te dirá qué números debes escribir en cada recuadro. En voz baja, di cada número en forma escrita. Usa los vínculos numéricos para mostrar cuántas unidades, decenas y centenas hay en el número.

123

|| 8 ←
    o

100 + 20 + 3 = 123
              ↑

245

200 + 40 + 5 = 245

|| |||| 8
        8

400 + 62 = 462

Lección 5:   Escribir números en base diez de tres dígitos en forma de unidad; mostrar el valor de cada dígito.

141

© 2019 Great Minds®. eureka-math.org

Nombre _____   Fecha _____

1. Observa las tarjetas Hide Zero. ¿Cuál es el valor del 6?

    a.   6   b.   600   c.   60

2. ¿Cuál es otra manera de escribir 5 unidades 3 decenas 2 centenas?

    a.   325   b.   523   c.   253   d.   235

3. ¿Cuál es otra manera de escribir 6 decenas 1 centena 8 unidades?

    a.   618   b.   168   c.   861   d.   681

4. Di 905 en forma de unidad.

EUREKA MATH   Lección 5:   Escribir números en base diez de tres dígitos en forma de unidad; mostrar el valor de cada dígito.   **143**

© 2019 Great Minds®. eureka-math.org

unidades		decenas		centenas	

tablas de valor posicional individual

Lección 5: Escribir números en base diez de tres dígitos en forma de unidad; mostrar el valor de cada dígito.

145

© 2019 Great Minds®. eureka-math.org

L (Lee el problema con atención).

El mono Timmy recolectó 46 bananas del árbol. Cuando terminó, quedaban 50 bananas. ¿Cuántas bananas había en el árbol al principio?

D (Dibuja una imagen).
E (Escribe y resuelve una ecuación).

E (Escribe un enunciado que coincida con la historia).

_____

_____

_____

Nombre _____   Fecha _____

Escribe cada número en su forma expandida, separando el valor total de cada unidad.

1. 231

2. 312

3. 527

4. 752

5. 201

6. 310

7. 507

8. 750

Escribe la respuesta en forma numérica.

9. 2 + 30 + 100 =

$2 + 30 + 100 + 132$

10. 300 + 2 + 10 =

$300 + 2 + 10 = 312$

11. 50 + 200 + 7 =

$50 + 200 + 7 = 257$

12. 70 + 500 + 2 =

$70 + 500 + 2$
572

13. 1 + 200 =

$1 + 200 = 201$

14. 100 + 3 =

$100 + 3 = 103$

15. 700 + 5 =

$700 + 5$
705

16. 7 + 500 =

$7 + 500 = 507$

EUREKA
MATH®

Nombre _____ Fecha _____

1. Escribe en forma numérica.

   a. 10 + 10 + 1 + 1 + 100 + 100 + 100 = _____

   b. 400 + 70 + 6 = _____

   c. _____ = 9 + 700 + 10

   d. _____ = 200 + 50

   e. 2 + 600 = _____

   f. 300 + 32 = _____

2. Escribe en forma expandida.

   a. 974 = _____

   b. 435 = _____

   c. 35 = _____

   d. 310 = _____

   e. 703 = _____

Nombre _____   Fecha _____

Escribe con letra los números: ¿Cuántos puedes escribir correctamente en 2 minutos?

1		11		10	
2		12		20	
3		13		30	
4		14		40	
5		15		50	
6		16		60	
7		17		70	
8		18		80	
9		19		90	
10		20		100	

_____

hoja de actividad para escribir números con letra

L (Lee el problema con atención).

Billy encontró un maletín lleno de dinero. Contó hasta 23 billetes de diez dólares, 2 billetes de cien dólares y 4 billetes de un dólar. ¿Cuánto dinero había en el maletín?

D (Dibuja una imagen).

E (Escribe una ecuación).

EUREKA MATH

Lección 7:   Escribir, leer y relacionar números en base diez en todas las formas.

155

© 2019 Great Minds®. eureka-math.org

E (Escribe un enunciado que coincida con la historia).

_____

_____

_____

EUREKA
MATH

Nombre _____   Fecha _____

Ejercicio de relación: Parte 1

Relaciona la forma de unidades o la forma escrita con la forma estándar. El problema A ya está resuelto a modo de ejemplo.

a. Doscientos treinta y cuatro   • 204

b. Trescientos setenta y cuatro   • 930

c. 7 centenas 6 decenas 3 unidades   • 470

d. Doscientos cuatro   • 763

e. Cuatrocientos dos   • 650

f. 3 unidades 7 centenas 4 decenas   • 903

g. Cuatrocientos setenta   • 123

h. 9 centenas 3 unidades   • 673

i. 3 unidades 7 decenas 6 centenas   • 234

j. 1 decena 2 centenas 3 unidades   • 374

k. 5 decenas 6 centenas   • 402

l. Novecientos treinta   • 743

m. 12 decenas 3 unidades   • 213

Ejercicio de relación: Parte 2

Relaciona todas las formas de expresar cada número.

a. 500 + 9

b. 4 centenas + 34 unidades

c. 60 + 800 + 3   • 434

d. 9 + 500

e. Ochocientos sesenta y tres

f. 9 unidades + 50 decenas   • 863

g. Cuatrocientos treinta y cuatro.

h. 86 decenas + 3 unidades

i. 400 + 4 + 30   • 509

j. 6 decenas + 8 centenas + 3 unidades

k. Quinientos nueve

l. 4 unidades + 43 decenas

Lección 7: Escribir, leer y relacionar números en base diez en todas las formas.

EUREKA
MATH

Nombre _____ Fecha _____

1. Escribe 342 en forma escrita.

   _____

2. Escribe en forma estándar.

   a. Doscientos veintiséis _____

   b. Ochocientos tres _____

   c. 5 centenas + 56 unidades _____

   d. 60 + 800 + 3 _____

3. Escribe el valor de 17 decenas en tres formas diferentes. Usa la unidad más grande posible.

   a. Forma estándar _____

   b. Forma expandida _____

   c. Forma de unidades _____

EUREKA MATH

Lección 7:   Escribir, leer y relacionar números en base diez en todas las formas.

159

© 2019 Great Minds®. eureka-math.org

L (Lee el problema con atención).

Stacey tiene $154. Tiene 14 billetes de un dólar. El resto está en billetes de diez dólares. ¿Cuántos billetes de diez dólares tiene?

D (Dibuja una imagen).

E (Escribe y resuelve una ecuación).

Lección 8:   Contar el valor total de billetes de $1, $10 y $100 hasta $1,000.

161

© 2019 Great Minds®. eureka-math.org

E (Escribe un enunciado que coincida con la historia).

_____

_____

_____

Contar el valor total de billetes de $1, $10 y $100 hasta $1,000.

EUREKA
MATH

Nombre _____   Fecha _____

Demuestra cada cantidad de dinero usando 10 billetes: billetes de $100, $10 y $1.
Di en voz baja y escribe cada cantidad de dinero en forma expandida. Escribe el valor
total de cada juego de billetes como un vínculo numérico.

10 Billetes

1.

$136 = _____

2.

_____ = $ 151

3.

$190 = _____

4.

_____ = $109

5.

$460 = _____

6.

_____ = $406

7.

$550 = _____

8.

_____ = $541

EUREKA
MATH

9.

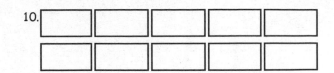

$901 = _____

10.

_____ = $910

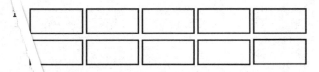

$1,000 = _____

12.

_____ = $100

Nombre _____   Fecha _____

1. Escribe el valor total del dinero que se muestra a continuación en forma expandida y estándar.

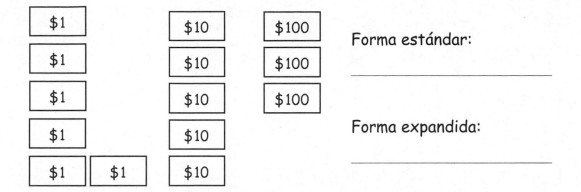

Forma estándar:

_____

Forma expandida:

_____

2. ¿Cuál es el valor de 3 billetes de diez de dólares y de 9 billetes de un dólar?

_____

3. Dibuja dinero para mostrar 2 formas diferentes para hacer $142 usando solamente billetes de $1, $10 y $100.

Lección 8:   Contar el valor total de billetes de $1, $10 y $100 hasta $1,000.

167

© 2019 Great Minds®. eureka-math.org

tabla de valor posicional de centenas vacía

Lección 8:   Contar el valor total de billetes de $1, $10 y $100 hasta $1,000.

169

L (Lee el problema con atención).

Sara gana $10 cada semana por cortar la maleza del jardín. Si ahorrara todo el dinero, ¿cuántas semanas le tomaría ahorrar $150?

D (Dibuja una imagen).

E (Escribe y resuelve una ecuación).

Lección 9:   Contar desde $10 hasta $1,000 en la tabla de valor posicional y la recta numérica vacía.

© 2019 Great Minds®. eureka-math.org

171

E (Escribe un enunciado que coincida con la historia).

_____

_____

_____

172   Lección 9:   Contar desde $10 hasta $1,000 en la tabla de valor posicional y la recta
                              numérica vacía.

© 2019 Great Minds®. eureka-math.org   EUREKA
                                                                       MATH®

Nombre _____   Fecha _____

Primero, representa el conteo usando unidades, decenas y centenas en su tabla de valor posicional. Luego, escribe tu conteo en la recta numérica vacía.

<u>Rectas numéricas vacías</u>

1. 70 hasta 300

$\longleftrightarrow$

2. 300 hasta 450

$\longleftrightarrow$

3. 160 hasta 700

$\longleftrightarrow$

4. 700 hasta 870

$\longleftrightarrow$

Lección 9:   Contar desde $10 hasta $1,000 en la tabla de valor posicional y la recta numérica vacía.

© 2019 Great Minds®. eureka-math.org

173

5. 68 hasta 200

6. 200 hasta 425

7. 486 hasta 700

8. 700 hasta 982

Lección 9:   Contar desde $10 hasta $1,000 en la tabla de valor posicional y la recta numérica vacía.

EUREKA
MATH

Nombre _____   Fecha _____

1. Jeremy contó desde $280 hasta $435. Usa la recta numérica para mostrar una forma en que Jeremy podría haber usado unidades, decenas y centenas para contar.

<-->

2. Usa la línea numérica para mostrar otra forma en que Jeremy podría haber contado desde $280 hasta $435.

<-->

3. Usa la recta numérica para mostrar cuántas centenas, decenas y unidades usan cuando cuentan desde $776 hasta $900.

<-->

Para contar desde $776 hasta $900, usé _____ centenas _____ decenas _____ unidades.

L (Lee el problema con atención).

Jerry está en segundo grado. Estaba jugando en el ático y encontró un baúl viejo y polvoriento. Cuando lo abrió, encontró cosas que pertenecieron a su abuelo. Había una genial colección de monedas y billetes antiguos en un álbum. Un billete valía $1,000. ¡Guau! Jerry se recostó y comenzó a soñar despierto. Pensó en lo bien que se sentiría darle un billete de diez dólares a tantas personas como pudiese. Pensó en cómo se sintió en su cumpleaños el año pasado cuando recibió una tarjeta de su tío con un billete de diez dólares adentro.

Pero sobre todo, pensó en lo afortunado que se sintió un día frío y nevado de camino a la escuela cuando encontró un billete de diez dólares en la nieve. ¡Tal vez podría esconder en silencio los billetes de diez dólares para que mucha gente se pudiera sentir tan afortunada como él en ese frío día! Pensó dentro de sí, "¿me pregunto cuántos billetes de diez dólares equivalen a un billete de mil? ¿Me pregunto a cuántas personas podría darles un día de suerte?".

Lección 10:   Explorar $1,000. ¿Cuántos billetes de $10 podemos cambiar por un billete de mil dólares?

© 2019 Great Minds®. eureka-math.org

177

Nombre _____   Fecha _____

Jerry se pregunta "¿Cuántos billetes de $10 equivalen a un billete de $1,000?"

Trabaja con tu compañero para responder la pregunta de Jerry. Explica tu solución usando palabras, dibujos o números. Pregúntate: ¿Puedo dibujar algo? ¿Qué puedo dibujar? ¿Qué puedo aprender de mi dibujo? Recuerda escribir tu respuesta en una afirmación.

Lección 10:   Explorar $1,000. ¿Cuántos billetes de $10 podemos cambiar por un billete de mil dólares?

179

© 2019 Great Minds®. eureka-math.org

Nombre _____   Fecha _____

Jerry se pregunta "¿Cuántos billetes de $10 equivalen a un billete de $1,000?"

Piensa en las diferentes estrategias que usaron tus compañeros para responder la pregunta de Jerry. Responde el problema de nuevo usando una estrategia que te gustó que sea <u>diferente</u> a la tuya. Usa palabras, dibujos o números para explicar por qué la estrategia también funciona.

Lección 10:   Explorar $1,000. ¿Cuántos billetes de $10 podemos cambiar por un billete de mil dólares?

© 2019 Great Minds®. eureka-math.org

181

L (Lee el problema con atención).

Samantha está ayudando al maestro a organizar los lápices en su salón de clase. Encuentra que hay 41 lápices amarillos y 29 lápices azules. Decide tirar 12 que son demasiado cortos. ¿Cuántos lápices le quedan en total?

D (Dibuja una imagen).

E (Escribe y resuelve una ecuación).

Lección 11:   Contar el valor total de las unidades, decenas y centenas con discos de valor posicional.

© 2019 Great Minds®. eureka-math.org

183

E (Escribe un enunciado que coincida con la historia).

_____

_____

_____

184   Lección 11:   Contar el valor total de las unidades, decenas y centenas con discos de
                                          valor posicional.

                            © 2019 Great Minds®. eureka-math.org   EUREKA
                                                                                              MATH®

Nombre _____   Fecha _____

1. Representa los números en tu tabla de valor posicional usando el menor número posible de bloques o discos.
   El compañero A usa bloques de base diez.
   El compañero B usa discos de valor posicional.
   Compara el aspecto que tienen sus números.
   Di en voz baja los números en forma estándar y en forma de unidades.

   a. 12

   b. 124

   c. 104

   d. 299

   e. 200

2. Actúa por turnos usando los discos de valor posicional para representar los siguientes números usando la menor cantidad posible de discos de valor posicional.
   Di en voz baja los números en forma estándar y en forma de unidades.

   a. 25   f. 36

   b. 250   g. 360

   c. 520   h. 630

   d. 502   i. 603

   e. 205   j. 306

Lección 11:   Contar el valor total de las unidades, decenas y centenas con discos de valor posicional.

© 2019 Great Minds®. eureka-math.org

185

Nombre _____   Fecha _____

1. Di el valor de los siguientes números.

a.

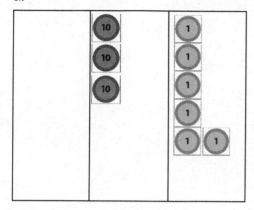

b.

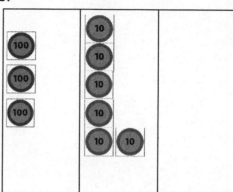

a. _____   b. _____

2. Rellena las siguientes oraciones para hablar del cambio de 36 a 360.

a. Yo cambié _____ a _____ .

b. Yo cambié _____ a _____ .

EUREKA MATH®

Lección 11:   Contar el valor total de las unidades, decenas y centenas con Discos de
valor posicional.

187

© 2019 Great Minds®. eureka-math.org

L (Lee el problema con atención).

¿Cuántos paquetes de 10 galletas puede hacer Collette con 124 galletas?

¿Cuántas galletas necesita para completar otro paquete de 10?

D (Dibuja una imagen).

E (Escribe y resuelve una ecuación).

 Lección 12:   Cambiar 10 unidades por 1 decena, 10 decenas por 1 centena y 10
                      centenas por 1 millar.

© 2019 Great Minds®. eureka-math.org   189

E (Escribe un enunciado que coincida con la historia).

_____

_____

_____

Lección 12:   Cambiar 10 unidades por 1 decena, 10 decenas por 1 centena y 10 centenas por 1 millar.

EUREKA MATH®

Nombre _____   Fecha _____

Cuenta de **582 hasta 700** usando los discos de valor posicional. Cambia la unidad más grande cuando sea necesario.

Cuando contaste desde **582 hasta 700**:

¿Formaste una unidad más grande en...?	Sí, Las cambie para formar:		No, Necesito _____
1. 590?	1 decena	1 centena	____ unidades. ____ decenas.
2. 600?	1 decena	1 centena	____ unidades. ____ decenas.
3. 618?	1 decena	1 centena	____ unidades. ____ decenas.
4. 640?	1 decena	1 centena	____ unidades. ____ decenas.
5. 652?	1 decena	1 centena	____ unidades. ____ decenas.
6. 700?	1 decena	1 centena	____ unidades. ____ decenas.

EUREKA MATH®

Lección 12:   Cambiar 10 unidades por 1 decena, 10 decenas por 1 centena y 10 centenas por 1 millar.

© 2019 Great Minds®. eureka-math.org

191

Nombre _____   Fecha _____

1. Relaciona para mostrar el valor equivalente.

    a. 10 unidades   1 centena

    b. 10 decenas   1 millar

    c. 10 centenas   1 decena

2. Dibuja discos en la tabla de valor posicional para representar 348.

    a. ¿Cuántas unidades más para formar una decena?   _____ unidades

    b. ¿Cuántas decenas más para formar una centena?   _____ decenas

    c. ¿Cuántas centenas más para formar un millar?   _____ centenas

Lección 12:   Cambiar 10 unidades por 1 decena, 10 decenas por 1 centena y 10 centenas por 1 millar.   193

L (Lee el problema con atención).

La mamá de Sara compró 4 cajas de galletas. Cada caja tenía 3 paquetes más pequeños de 10 adentro. ¿Cuántas galletas había en las 4 cajas?

D (Dibuja una imagen).

E (Escribe y resuelve una ecuación).

Lección 13:   Leer y escribir números hasta 1,000 después de representarlos con discos de valor posicional.

© 2019 Great Minds®. eureka-math.org

195

E (Escribe un enunciado que coincida con la historia).

_____

_____

_____

Lección 13: Leer y escribir números hasta 1,000 después de representarlos con discos de valor posicional.

© 2019 Great Minds®. eureka-math.org

EUREKA MATH

Nombre _____   Fecha _____

Dibuja discos de valor posicional para mostrar los números.

1. 72

2. 427

3. 713

4. 171

5. 187

6. 705

Cuando hayas terminado, lee en voz baja cada número en forma de unidades y escrita.
¿Cuánto debe cambiar cada número por una decena?
¿Por una centena?

Lección 13:   Leer y escribir números hasta 1,000 después de representarlos con
discos de valor posicional.

197

© 2019 Great Minds®. eureka-math.org

Nombre _____   Fecha _____

1. Dibuja discos de valor posicional para mostrar los números.

   a. 560

   b. 506

2. Dibuja y nombra los saltos en la recta numérica para pasar de 0 a 141.

EUREKA MATH

Lección 13:   Leer y escribir números hasta 1,000 después de representarlos con
              discos de valor posicional.

© 2019 Great Minds®. eureka-math.org

199

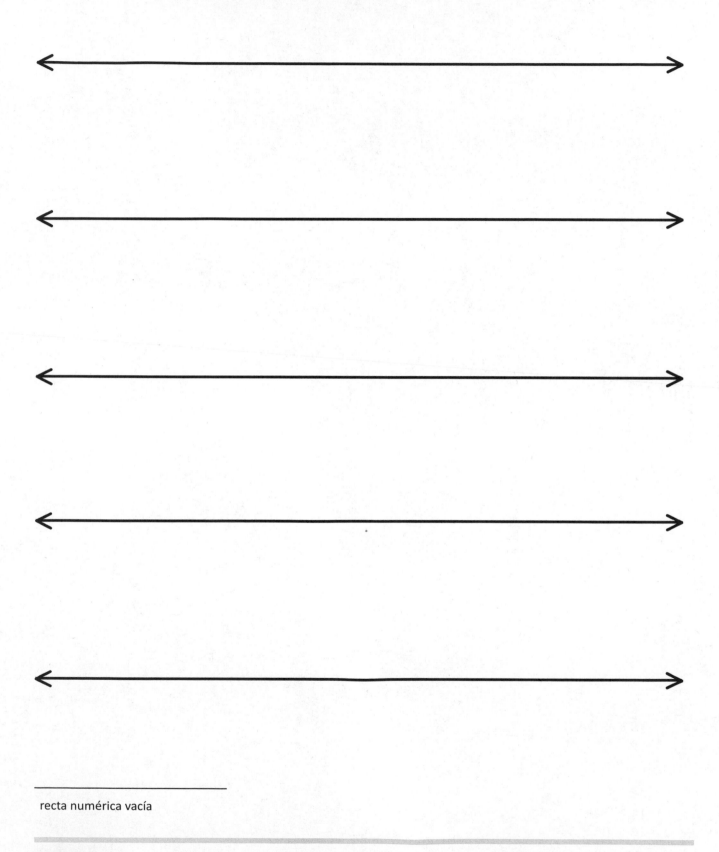

recta numérica vacía

EUREKA MATH®

Lección 13: Leer y escribir números hasta 1,000 después de representarlos con discos de valor posicional.

© 2019 Great Minds®. eureka-math.org

201

L (Lee el problema con atención).

Una clase de segundo grado tiene 23 estudiantes. ¿Cuál es el número total de dedos de todos los estudiantes?

D (Dibuja una imagen).

E (Escribe y resuelve una ecuación).

Lección 14:   Representar números con más de 9 unidades o 9 decenas; escribirlos en forma expandida, de unidades, estándar y escrita.

© 2019 Great Minds®. eureka-math.org

203

E (Escribe un enunciado que coincida con la historia).

_____

_____

_____

EUREKA MATH®

Nombre _____   Fecha _____

1. Cuenta en voz baja mientras muestras los números con discos de valor posicional.

   a.

Dibuja 18 usando decenas y unidades.	Dibuja 18 usando **solo** unidades.

   b.

Dibuja 315 usando centenas, decenas y unidades.	Dibuja 315 usando **solo** centenas y unidades.

EUREKA
MATH

Lección 14:   Representar números con más de 9 unidades o 9 decenas; escribirlos
en forma expandida, de unidades, estándar y escrita.

© 2019 Great Minds®. eureka-math.org

205

c.

Dibuja 206 usando centenas, decenas y unidades.

Dibuja 206 usando **solo** decenas y unidades.

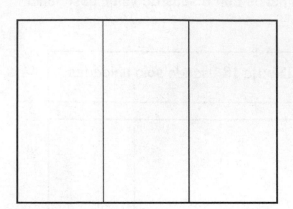

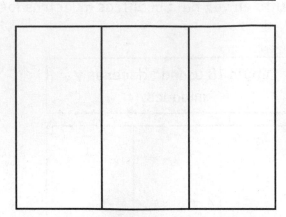

2. Di en voz baja los números y palabras mientras llenas los espacios en blanco. Comienza usando las tablas de valor posicional del Problema 1 para ayudarte.

    a.   18 = _____ centenas _____ decenas _____ unidades

        18 = _____ unidades

    b.   315 = _____ centenas _____ decenas _____ unidades

        315 = _____ centenas _____ unidades

    c.   206 = _____ centenas _____ decenas _____ unidades

        206 = _____ decenas _____ unidades

    d.   419 = _____ centenas _____ decenas _____ unidades

        419 = _____ decenas _____ unidades

Lección 14:   Representar números con más de 9 unidades o 9 decenas; escribirlos en forma expandida, de unidades, estándar y escrita.

© 2019 Great Minds®. eureka-math.org

EUREKA MATH

e. 570 = _____ centenas _____ decenas

570 = _____ decenas

f. 748 = _____ centenas _____ unidades

748 = _____ decenas _____ unidades

g. 909 = _____ centenas _____ unidades

909 = _____ decenas _____ unidades

3. La clase del Sr. Hernández desea intercambiar 300 barras de decenas por piezas planas de centenas con la clase del Sr. Harrington. ¿Cuántas piezas planas de centenas equivalen a 400 barras de decenas?

EUREKA MATH®

Lección 14:   Representar números con más de 9 unidades o 9 decenas; escribirlos en forma expandida, de unidades, estándar y escrita.

© 2019 Great Minds®. eureka-math.org

207

Nombre _____   Fecha _____

1. Cuenta en voz baja mientras muestras los números con discos de valor posicional.

    a. Dibuja 241 usando centenas, decenas y unidades.

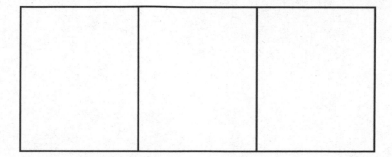

    b. Dibuja 241 usando **solo decenas y unidades**.

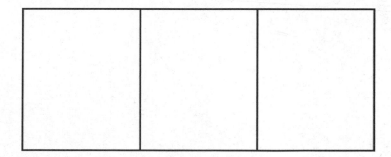

2. Llena los espacios en blanco.

    a. 45 = _____ centenas _____ decenas _____ unidades

        45 = _____ unidades

    b. 682 = _____ centenas _____ decenas _____ unidades

        682 = _____ centenas _____ unidades

EUREKA MATH®   Lección 14:   Representar números con más de 9 unidades o 9 decenas; escribirlos   **209**
                                en forma expandida, de unidades, estándar y escrita.

© 2019 Great Minds®. eureka-math.org

Nombre _____ y _____   Fecha _____

Los lápices vienen en cajas de 10.

Hay 14 cajas.

1. ¿Cuántos lápices hay en total? Explica tu respuesta utilizando palabras, dibujos, o números.

2. El director quiere 300 lápices para el grupo de segundo grado para los meses de octubre, noviembre y diciembre. ¿Cuántas cajas más de lápices necesita? Justifica tu respuesta usando palabras, dibujos o números.

3. El director encontró 7 cajas en el armario de suministro y 4 cajas en un cajón de escritorio.
   ¿Tiene ahora lo que necesita para el grupo de segundo grado? Justifica tu respuesta usando palabras, dibujos o números.

4. ¿Cuántas cajas de lápices consideras que tu clase necesita para enero, febrero, marzo y abril? ¿Cuántos lápices son? Justifica tu respuesta usando palabras, dibujos o números.

EUREKA MATH

Nombre _____   Fecha _____

Piensa en las diferentes estrategias y herramientas que usaron tus compañeros para responder la pregunta del lápiz. Explica una estrategia que te gustó que es <u>diferente</u> de la tuya utilizando palabras, dibujos o números.

L (Lee el problema con atención).

Durante el recreo, Diana saltó la cuerda 65 veces sin parar. Pedro saltó la cuerda 20 veces sin parar. ¿Cuántas veces más saltó Diana que Pedro?

D (Dibuja una imagen).

E (Escribe una ecuación).

E (Escribe un enunciado que coincida con la historia).

_____

_____

_____

EUREKA
MATH

Nombre _____   Fecha _____

1. Dibuja los siguientes números usando los discos de valor posicional en las tablas de valor posicional. Responde las siguientes preguntas.

    a. 132   b. 312   c. 213

    d. ¿Cuál es el número más grande? _____

    e. ¿Cuál es el número más pequeño? _____

    f. Ordena los números de menor a mayor: _____, _____, _____

2. Encierra en un círculo *menor que* o *mayor que*. Di en voz baja la afirmación completa.

a. 97 es menor que / mayor que 102.	f. 361 es menor que / mayor que 367.
b. 184 es menor que / mayor que 159.	g. 705 es menor que / mayor que 698.
c. 213 es menor que / mayor que 206.	h. 465 es menor que / mayor que 456.
d. 299 es menor que / mayor que 300.	i. 100 + 30 + 8 es menor que / mayor que 183.
e. 523 es menor que / mayor que 543.	j. 3 decenas y 5 unidades es menor que / mayor que 32.

3. Escribe >, <, o =. Di en voz baja los enunciados numéricos completos mientras trabajas.

a. 900 ◯ 899

b. 267 ◯ 269

c. 537 ◯ 527

d. 419 ◯ 491

e. 908 ◯ novecientos ochenta

f. 130 ◯ 80 + 40

g. Doscientos setenta y uno ◯ 70 + 200 + 1

h. 500 + 40 ◯ 504

i. 10 decenas ◯ 101

j. 4 decenas 2 unidades ◯ 30 + 12

k. 36 – 10 ◯ 2 decenas 5 unidades

4. Noé y Carlos tienen un problema.

Noé piensa que 42 decenas es menor que 390.

Carlos piensa que 42 decenas es mayor que 390.

¿Quién está en lo correcto? Explica tu razonamiento a continuación.

_____

_____

_____

EUREKA MATH

Nombre _____   Fecha _____

Escribe >, <, o =.

1. 499 ◯ 500

2. 179 ◯ 177

3. 431 ◯ 421

4. 703 ◯ setecientos tres

5. 2 centenas 70 unidades ◯ 70 + 200 + 1

6. 300 + 60 ◯ 306

7. 4 decenas 2 unidades ◯ 30 + 12

8. 3 decenas 7 unidades ◯ 45 – 10

L (Lee el problema con atención).

Caminando por la playa el martes, Darcy recolectó 35 piedras. El día antes, recolectó 28. ¿Cuántas piedras menos recolectó el lunes en comparción con el martes?

D (Dibuja una imagen).

E (Escribe y resuelve una ecuación).

E (Escribe un enunciado que coincida con la historia).

_____

_____

_____

EUREKA MATH®

Nombre _____   Fecha _____

1. Cuenta en voz baja mientras muestras los números con discos de valor posicional. Encierra >, < o = en un círculo.

a. Dibuja 217 usando centenas, decenas y unidades.

b. Dibuja 21 decenas y 7 unidades.

<
=
>

c. Dibuja 1 centena y 17 unidades.

d. Dibuja 1 centena 1 decena y 7 unidades.

<
=
>

EUREKA
MATH®

Lección 17:   Comparar dos números de tres dígitos usando <, > e = cuando hay más
              de 9 unidades o 9 decenas.

223

© 2019 Great Minds®. eureka-math.org

2. Encierra en un círculo (<), igual a (=) o mayor que (>). Di en voz baja el enunciado completo.

a. 9 decenas es _____ 88.

menor que

igual a

mayor que

b. 132 es _____ 13 decenas 2 unidades.

menor que

igual a

mayor que

c. 102 es _____ 15 decenas 2 unidades.

menor que

igual a

mayor que

d. 199 es _____ 20 decenas

menor que

igual a

mayor que

e. 62 decenas 3 unidades es $<$ $=$ $>$ 623.

f. 80 + 700 + 2 es $<$ $=$ $>$ ochocientos setenta y dos.

g. 8 + 600 es $<$ $=$ $>$ 68 decenas.

h. Setecientos trece es $<$ $=$ $>$ 47 decenas + 23 decenas.

i. 18 decenas + 4 decenas es $<$ $=$ $>$ 29 decenas – 5 decenas.

j. 300 + 40 + 9 es $<$ $=$ $>$ 34 decenas.

Lección 17: Comparar dos números de tres dígitos usando <, > e = cuando hay más de 9 unidades o 9 decenas.

© 2019 Great Minds®. eureka-math.org

EUREKA MATH

3. Escribe >, <, o =.

   a. 99 ◯ 10 decenas

   b. 116 ◯ 11 decenas 5 unidades

   c. 2 centenas 37 unidades ◯ 237

   d. Trescientos veinte ◯ 34 decenas

   e. 5 centenas 2 decenas 4 unidades ◯ 53 decenas

   f. 104 ◯ 1 centena 4 decenas

   g. 40 + 9 + 600 ◯ 9 unidades 64 decenas

   h. 700 + 4 ◯ 74 decenas

   i. Veintidós decenas ◯ Dos centenas doce unidades

   j. 7 + 400 + 20 ◯ 42 decenas 7 unidades

   k. 5 centenas 24 unidades ◯ 400 + 2 + 50

   l. 69 decenas + 2 decenas ◯ 710

   m. 20 decenas ◯ dos centenas diez unidades

   n. 72 decenas - 12 decenas ◯ 60

   o. 84 decenas + 10 decenas ◯ 9 centenas 4 unidades

   p. 3 centenas 21 unidades ◯ 18 decenas + 14 decenas

Nombre _____ Fecha _____

1. Cuenta en voz baja mientras muestras los números con discos de valor posicional. Encierra en un círculo >, <, o =.

   a. Dibuja 142 usando centenas, decenas y unidades

   b. Dibuja 12 decenas 4 unidades.

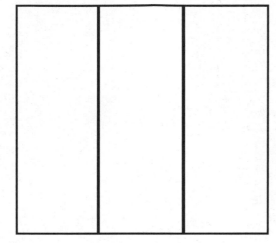

<
=
>

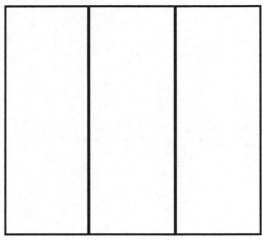

2. Escribe >, <, o =.

   a. 1 centena 6 decenas ◯ 106

   b. 74 decenas ◯ 700 + 4

   c. Treinta decenas ◯ 300

   d. 21 unidades 3 centenas ◯ 31 decenas

EUREKA MATH®

Lección 17: Comparar dos números de tres dígitos usando <, > e = cuando hay más de 9 unidades o 9 decenas.

© 2019 Great Minds®. eureka-math.org

227

L (Lee el problema con atención).

Para un proyecto de arte, Daniel recoge 15 hojas de arce menos que hojas de roble. Recogió 60 hojas de roble. ¿Cuántas hojas de arce recogió?

D (Dibuja una imagen).
E (Escribe y resuelve una ecuación).

Lección 18:   Ordenar números en formas diferentes. (Opcional)   229

© 2019 Great Minds®. eureka-math.org

E (Escribe un enunciado que coincida con la historia).

_____

_____

_____

Nombre _____ Fecha _____

1. Dibuja los siguientes valores en las tablas de valor posicional como consideres mejor.

   a. 1 centena 19 unidades   b. 3 unidades 12 decenas   c. 120

 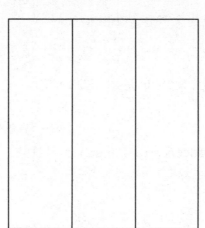 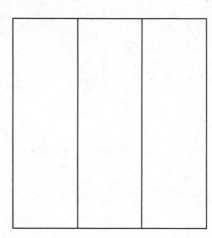

   d. Ordena los números de menor a mayor: _____, _____, _____

2. Ordena los siguientes números de menor a mayor en forma estándar.

   a. 436   297   805   _____, _____, _____

   b. 317   trescientos setenta   307   _____, _____, _____

   c. 826   2 + 600 + 80   200 + 60 + 8   _____, _____, _____

   d. 5 centenas 9 unidades   51 decenas 9 unidades   591 _____, _____, _____

   e. 16 unidades 7 centenas   6 + 700 + 10   716 _____, _____, _____

3. Ordena los siguientes números de mayor a menor en forma estándar.

   a. 731   598   802   _____ , _____ , _____

   b. 82 decenas   ocho centenas doce unidades   128   _____ , _____ , _____

   c. 30 + 3 + 300   30 decenas 3 unidades   300 + 30   _____ , _____ , _____

   d. 4 unidades 1 centena   4 decenas + 10 decenas   114   _____ , _____ , _____

   e. 19 unidades 6 centenas   196   90 + 1 + 600   _____ , _____ , _____

4. Escribe >, <, o =. Di en voz baja los enunciados numéricos conforme vas trabajando.

   a. 700   ◯   599   ◯   388

   b. cuatrocientos nueve   ◯   9 + 400   ◯   490

   c. 63 decenas + 9 decenas   ◯   setecientos veinte   ◯   720

   d. 12 unidades 8 centenas   ◯   2 + 80 + 100   ◯   128

   e. 9 centenas 3 unidades   ◯   390   ◯   trescientos nueve

   f. 80 decenas + 2 decenas   ◯   837   ◯   3 + 70 + 800

EUREKA
MATH®

Nombre _____ Fecha _____

1. Ordena los siguientes números de **menor a mayor** en forma estándar.

    a. 426   152   801   _____, _____, _____

    b. seiscientos nueve   206   60 decenas 2 unidades   _____, _____, _____

    c. 300 + 70 + 4   3 + 700 + 40   473   _____, _____, _____

2. Ordena los siguientes números de **mayor a menor** en forma estándar.

    a. 4 centenas 12 unidades   421   10 + 1 + 400   _____, _____, _____

    b. 8 unidades 5 centenas   185   5 + 10 + 800   _____, _____, _____

Lección 18:   Ordenar números en formas diferentes. (Opcional)   **233**

© 2019 Great Minds®. eureka-math.org

L (Lee el problema con atención).

El Sr. Palmer de la clase de segundo grado está recogiendo latas para reciclar. Adrián recogió 362 latas, Jade recogió 392 latas e Isaías recogió 562 latas.

a. ¿Cuántas latas más recogió Isaías que Adrián?

Extensión: ¿Cuántas latas menos recogió Adrián que Jade?

D (Dibuja una imagen).

E (Escribe y resuelve una ecuación).

Lección 19: Representar y usar el lenguaje para contar 1 más y 1 menos, 10 más y 10 menos y 100 más y 100 menos.

© 2019 Great Minds®. eureka-math.org

235

E (Escribe un enunciado que coincida con la historia).

_____

_____

_____

Lección 19:   Representar y usar el lenguaje para contar 1 más y 1 menos, 10 más y
10 menos y 100 más y 100 menos.

© 2019 Great Minds®. eureka-math.org

EUREKA MATH

Nombre _____   Fecha _____

1. Representa cada cambio en la tabla de valor posicional. Después, llena la tabla.
    Di en voz baja el enunciado completo: "_____ más/menos que _____ son _____".

	242	153	312	465
100 más que				
100 menos que				
10 más que				
10 menos que				
1 más que				
1 menos que				

2. Llena los espacios en blanco. Di en voz baja el enunciado.

    a. 1 más que 314 son _____.

    b. 10 más que 428 son _____.

    c. 100 menos que 635 son _____.

    d. _____ más que 243 son 343.

    e. _____ menos que 578 son 568.

    f. _____ menos que 199 son 198.

    g. 1 más que _____ son 405.

    h. 10 menos que _____ son 372.

    i. 100 menos que _____ son 739.

    j. 10 más que _____ son 946.

Lección 19:   Representar y usar el lenguaje para contar 1 más y 1 menos, 10 más y
              10 menos y 100 más y 100 menos.

© 2019 Great Minds®. eureka-math.org

237

3. Di en voz baja los números mientras cuentas:

   a. Cuenta por unidades del 367 al 375.

   b. Cuenta por decenas del 422 al 492.

   c. Cuenta por centenas del 156 al 856.

   d. Cuenta por unidades del 269 al 261.

   e. Cuenta por decenas del 581 al 511.

   f. Cuenta por centenas del 914 al 314.

   g. Encontré que la letra _____ fue difícil de resolver debido a _____

   _____

4. Mi número de partida es el 217.

   Conté por centenas siete veces.

   ¿Cuál es el último número que conté?

   Explica tu razonamiento a continuación.

Lección 19:   Representar y usar el lenguaje para contar 1 más y 1 menos, 10 más y
10 menos y 100 más y 100 menos.

© 2019 Great Minds®. eureka-math.org

EUREKA
MATH

Nombre _____   Fecha _____

Llena los espacios en blanco.

a. 10 más que 239 son _____.

b. 100 menos que 524 son _____.

c. _____ más que 352 son 362.

d. _____ más que 467 son 567.

e. 1 más que _____ son 601.

f. 10 menos que _____ son 241.

g. 100 menos que _____ son 878.

h. 10 más que _____ son 734.

Lección 19:   Representar y usar el lenguaje para contar 1 más y 1 menos, 10 más y
              10 menos y 100 más y 100 menos.

© 2019 Great Minds®. eureka-math.org

239

L (Lee el problema con atención).

399 frascos de comida para bebé están en los estantes del mercado.

Algunos frascos se caen y se rompen. 389 frascos están todavía

en el estante. ¿Cuántos frascos se rompieron?

D (Dibuja una imagen).

E (Escribe y resuelve una ecuación).

Lección 20: Representar 1 más y 1 menos, 10 más y 10 menos y 100 más y 100 menos al cambiar la posición de las centenas.

241

© 2019 Great Minds®. eureka-math.org

E (Escribe un enunciado que coincida con la historia).

_____

_____

_____

Lección 20:   Representar 1 más y 1 menos, 10 más y 10 menos y 100 más y 100 menos al cambiar la posición de las centenas.

EUREKA MATH

Nombre _____   Fecha _____

1. Representa cada problema con un compañero en su tabla de valor posicional. Luego, llena los espacios en blanco y encierra en un círculo todos los que apliquen. Explica tu razonamiento.

    a. 1 más que 39 son _____.

        Hicimos una _____.

unidad
decena
centena

    b. 10 más que 190 son _____.

        Hicimos una _____.

unidad
decena
centena

    c. 10 más que 390 son _____.

        Hicimos una _____.

unidad
decena
centena

    d. 1 más que 299 son _____.

        Hicimos una _____.

unidad
decena
centena

    e. 10 más que 790 son _____.

        Hicimos una _____.

unidad
decena
centena

2. Llena los espacios en blanco. Di en voz baja el enunciado completo.

    a. 1 menos que 120 son _____.

    b. 10 más que 296 son _____.

    c. 100 menos que 229 son _____.

    d. _____ más que 598 son 608.

    e. _____ más que 839 son 840.

    f. _____ menos que 938 son 838.

    g. 10 más que _____ son 306.

    h. 100 menos que _____ son 894.

    i. 10 menos que _____ son 895.

    j. 1 más que _____ son 1,000.

Lección 20:   Representar 1 más y 1 menos, 10 más y 10 menos y 100 más y 100
              menos al cambiar la posición de las centenas.

© 2019 Great Minds®. eureka-math.org

243

3. Di en voz baja los números mientras cuentas:

    a. Cuenta por unidades del 106 al 115.

    b. Cuenta por decenas del 467 al 527.

    c. Cuenta por centenas del 342 al 942.

    d. Cuenta por unidades del 325 al 318.

    e. Cuenta por decenas del 888 al 808.

    f. Cuenta por centenas del 805 al 5.

4. A Jenny le encanta saltar la cuerda.

    Cada vez que salta, cuenta en serie por decenas.

    Comienza su primer salto en 77, su número favorito.

    ¿Cuántas veces tiene que saltar Jenny para llegar a 147?

    Explica tu razonamiento a continuación.

Lección 20:   Representar 1 más y 1 menos, 10 más y 10 menos y 100 más y 100
menos al cambiar la posición de las centenas.

© 2019 Great Minds®. eureka-math.org

EUREKA
MATH

Nombre _____   Fecha _____

1. Llena los espacios en blanco y encierra en un círculo la respuesta correcta.

   1 más que 209 son _____.

   Hicimos una _____.

unidad
decena
centena

2. Llena los espacios en blanco. Di en voz baja el enunciado completo.

   a. 1 menos que 150 son _____.

   b. 10 más que 394 son _____.

   c. _____ menos que 607 son 597.

   d. 10 más que _____ son 716.

   e. 100 menos que _____ son 894.

   f. 1 más que _____ son 900.

EUREKA MATH®

Lección 20: Representar 1 más y 1 menos, 10 más y 10 menos y 100 más y 100 menos al cambiar la posición de las centenas.

© 2019 Great Minds®. eureka-math.org

245

L (Lee el problema con atención).

¡Rahim está leyendo un libro muy emocionante! Está en la página 98. Si lee 10 páginas cada día, ¿en qué página estará en 3 días?

D (Dibuja una imagen).

E (Escribe y resuelve una ecuación).

Lección 21:   Completar un patrón contando hacia arriba y abajo.

247

© 2019 Great Minds®. eureka-math.org

E (Escribe un enunciado que coincida con la historia).

_____

_____

_____

Lección 21:   Completar un patrón contando hacia arriba y abajo.

EUREKA
MATH

Nombre _____ Fecha _____

1. Di en voz baja los números mientras cuentas:

   a. Cuenta por unidades del 326 al 334.

   b. Cuenta por decenas del 472 al 532.

   c. Cuenta por decenas del 930 al 860.

   d. Cuenta por centenas del 708 al 108.

2. Encuentra el patrón. Llena los espacios en blanco.

   a. 297, 298 _____,_____,_____,_____

   b. 143, 133 _____,_____,_____,_____

   c. 357, 457 _____,_____,_____,_____

   d. 578, 588 _____,_____,_____

   e. 132, _____, 134, _____, _____, 137

   f. 409,_____,_____, 709, 809, _____

   g. 210,_____, 190,_____, _____, 160, 150

3. Llena las tablas.

a.

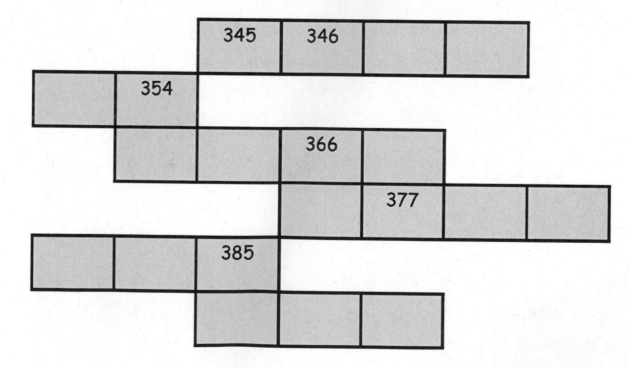

72	73			76

			85	

		94			97

			106	

	115		

b.

345	346		

	354	

		366	

	377		

		385	

Lección 21:   Completar un patrón contando hacia arriba y abajo.

EUREKA
MATH

Nombre _____   Fecha _____

Encuentra el patrón. Llena los espacios en blanco.

1. 109, _____, 111, _____, _____, 114

2. 710, _____, 690, _____, _____, 660, 650

3. 342, _____, _____, 642, 742, _____

4. 902, _____, _____, 872, _____, 852

Créditos

Great Minds® ha hecho todos los esfuerzos para obtener permisos para la reimpresión de todo el material protegido por derechos de autor. Si algún propietario de material sujeto a derechos de autor no ha sido mencionado, favor ponerse en contacto con Great Minds para su debida mención en todas las ediciones y reimpresiones futuras.

Aprender

Eureka Math®
2.º grado
Módulos 1, 2 y 3

Publicado por Great Minds®.

Copyright © 2019 Great Minds®.

Impreso en los EE. UU.
Este libro puede comprarse en la editorial en eureka-math.org.
1 2 3 4 5 6 7 8 9 10 CCR 24 23 22 21 20

ISBN 978-1-64054-876-3

G2-SPA-M1-M3-L-05.2019

Aprender ◆ Practicar ◆ Triunfar

Los materiales del estudiante de *Eureka Math*® para *Una historia de unidades*™ (K–5) están disponibles en la trilogía *Aprender, Practicar, Triunfar*. Esta serie apoya la diferenciación y la recuperación y, al mismo tiempo, permite la accesibilidad y la organización de los materiales del estudiante. Los educadores descubrirán que la trilogía *Aprender, Practicar y Triunfar* también ofrece recursos consistentes con la Respuesta a la intervención (RTI, por sus siglas en inglés), las prácticas complementarias y el aprendizaje durante el verano que, por ende, son de mayor efectividad.

Aprender

Aprender de *Eureka Math* constituye un material complementario en clase para el estudiante, a través del cual pueden mostrar su razonamiento, compartir lo que saben y observar cómo adquieren conocimientos día a día. *Aprender* reúne el trabajo en clase—la Puesta en práctica, los Boletos de salida, los Grupos de problemas, las plantillas—en un volumen de fácil consulta y al alcance del usuario.

Practicar

Cada lección de *Eureka Math* comienza con una serie de actividades de fluidez que promueven la energía y el entusiasmo, incluyendo aquellas que se encuentran en *Practicar* de *Eureka Math*. Los estudiantes con fluidez en las operaciones matemáticas pueden dominar más material, con mayor profundidad. En *Practicar*, los estudiantes adquieren competencia en las nuevas capacidades adquiridas y refuerzan el conocimiento previo a modo de preparación para la próxima lección.

En conjunto, *Aprender* y *Practicar* ofrecen todo el material impreso que los estudiantes utilizarán para su formación básica en matemáticas.

Triunfar

Triunfar de *Eureka Math* permite a los estudiantes trabajar individualmente para adquirir el dominio. Estos grupos de problemas complementarios están alineados con la enseñanza en clase, lección por lección, lo que hace que sean una herramienta ideal como tarea o práctica suplementaria. Con cada grupo de problemas se ofrece una Ayuda para la tarea, que consiste en un conjunto de problemas resueltos que muestran, a modo de ejemplo, cómo resolver problemas similares.

Los maestros y los tutores pueden recurrir a los libros de *Triunfar* de grados anteriores como instrumentos acordes con el currículo para solventar las deficiencias en el conocimiento básico. Los estudiantes avanzarán y progresarán con mayor rapidez gracias a la conexión que permiten hacer los modelos ya conocidos con el contenido del grado escolar actual del estudiante.

Estudiantes, familias y educadores:

Gracias por formar parte de la comunidad de *Eureka Math*®, donde celebramos la dicha, el asombro y la emoción que producen las matemáticas.

En las clases de *Eureka Math* se activan nuevos conocimientos a través del diálogo y de experiencias enriquecedoras. A través del libro *Aprender* los estudiantes cuentan con las indicaciones y la sucesión de problemas que necesitan para expresar y consolidar lo que aprendieron en clase.

¿Qué hay dentro del libro Aprender?

Puesta en práctica: la resolución de problemas en situaciones del mundo real es un aspecto cotidiano de *Eureka Math*. Los estudiantes adquieren confianza y perseverancia mientras aplican sus conocimientos en situaciones nuevas y diversas. El currículo promueve el uso del proceso LDE por parte de los estudiantes: Leer el problema, Dibujar para entender el problema y Escribir una ecuación y una solución. Los maestros son facilitadores mientras los estudiantes comparten su trabajo y explican sus estrategias de resolución a sus compañeros/as.

Grupos de problemas: una minuciosa secuencia de los Grupos de problemas ofrece la oportunidad de trabajar en clase en forma independiente, con diversos puntos de acceso para abordar la diferenciación. Los maestros pueden usar el proceso de preparación y personalización para seleccionar los problemas que son «obligatorios» para cada estudiante. Algunos estudiantes resuelven más problemas que otros; lo importante es que todos los estudiantes tengan un período de 10 minutos para practicar inmediatamente lo que han aprendido, con mínimo apoyo de la maestra.

Los estudiantes llevan el Grupo de problemas con ellos al punto culminante de cada lección: la Reflexión. Aquí, los estudiantes reflexionan con sus compañeros/as y el maestro, a través de la articulación y consolidación de lo que observaron, aprendieron y se preguntaron ese día.

Boletos de salida: a través del trabajo en el Boleto de salida diario, los estudiantes le muestran a su maestra lo que saben. Esta manera de verificar lo que entendieron los estudiantes ofrece al maestro, en tiempo real, valiosas pruebas de la eficacia de la enseñanza de ese día, lo cual permite identificar dónde es necesario enfocarse a continuación.

Plantillas: de vez en cuando, la Puesta en práctica, el Grupo de problemas u otra actividad en clase requieren que los estudiantes tengan su propia copia de una imagen, de un modelo reutilizable o de un grupo de datos. Se incluye cada una de estas plantillas en la primera lección que la requiere.

¿Dónde puedo obtener más información sobre los recursos de Eureka Math?

El equipo de Great Minds® ha asumido el compromiso de apoyar a estudiantes, familias y educadores a través de una biblioteca de recursos, en constante expansión, que se encuentra disponible en eureka-math.org. El sitio web también contiene historias exitosas e inspiradoras de la comunidad de *Eureka Math*. Comparte tus ideas y logros con otros usuarios y conviértete en un Campeón de *Eureka Math*.

¡Les deseo un año colmado de momentos "¡ajá!"!

Jill Diniz

Jill Diniz
Directora de matemáticas
Great Minds®